西式面点

刘 郴　赵国强　主编

中国农业科学技术出版社

图书在版编目（CIP）数据

西式面点／刘郴，赵国强主编．—北京：中国农业科学技术出版社，2020.8（2021.7重印）

（乡村振兴之农民素质教育提升系列丛书）

ISBN 978-7-5116-4858-7

Ⅰ.①西…　Ⅱ.①刘…②赵…　Ⅲ.①西点-制作　Ⅳ.①TS213.23

中国版本图书馆CIP数据核字（2020）第120352号

责任编辑　徐　毅
责任校对　贾海霞

出 版 者　中国农业科学技术出版社
　　　　　北京市中关村南大街12号　邮编：100081
电　　话　(010)82106631(编辑室)　(010)82109702(发行部)
　　　　　(010)82109709(读者服务部)
传　　真　(010)82106631
网　　址　http://www.castp.cn
经 销 者　各地新华书店
印 刷 者　北京建宏印刷有限公司
开　　本　850 mm×1 168 mm　1/32
印　　张　4.125
字　　数　110千字
版　　次　2020年8月第1版　2021年7月第3次印刷
定　　价　18.00元

《西式面点》

编 委 会

主　编：刘　郴　赵国强

副主编：刘　翔　张　富　梁　霞

前　言

西式面点是西餐烹饪的重要组成部分，在西餐饮食中起着举足轻重的作用，也是西方饮食文化的重要内容。西式面点因其独有的风味而备受人们的喜爱，无论是一日三餐还是各种类型的宴会，西点制品都是不可或缺的。因此，在大型饭店（酒店）中一般都专门设立西点厨房，使西点制作具有相对的独立性，而且西式面点师的社会地位也相对较高。

本书系统介绍了西式面点的基础知识、西式面点制作的基本手法、面包制作、蛋糕制作、饼干制作、塔和派制作、酥饼与泡芙制作、西点装饰等内容。书中对每种西式面点从制作概述和制作实例两个方面进行了介绍。本书理论联系实际，语言通俗易懂，图文并茂，具有较强的可读性和实用性。

本书可供西式面点师培训使用，也可供对西式面点制作感兴趣的人员阅读参考。

由于时间仓促，水平有限，书中难免存在不足之处，欢迎广大读者批评指正。

编　者

2020 年 5 月

目　录

第一章　西式面点的基础知识 ……………………………… (1)
　第一节　西式面点的特点和分类 ……………………… (1)
　第二节　西式面点原料知识 ………………………… (4)
　第三节　西式面点常用设备与工具 ………………… (21)
　第四节　饮食卫生要求 ……………………………… (25)
第二章　西式面点制作的基本手法 ……………………… (27)
　第一节　和、揉、搓、捏 ……………………………… (27)
　第二节　切、割、抹、挤 ……………………………… (29)
　第三节　包、擀、卷、按 ……………………………… (31)
第三章　面包制作 ……………………………………… (34)
　第一节　软面包 ……………………………………… (34)
　第二节　吐司面包 …………………………………… (39)
　第三节　千层面包 …………………………………… (42)
　第四节　全麦面包 …………………………………… (46)
　第五节　硬质面包 …………………………………… (48)
第四章　蛋糕制作 ……………………………………… (51)
　第一节　面糊类蛋糕 ………………………………… (51)
　第二节　乳沫类蛋糕 ………………………………… (56)
　第三节　戚风蛋糕 …………………………………… (65)
第五章　饼干制作 ……………………………………… (71)
　第一节　曲奇饼 ……………………………………… (71)
　第二节　薄脆饼 ……………………………………… (76)

第三节　茶点小饼 …………………………………………………………（80）
第六章　塔和派制作 ……………………………………………………（86）
第一节　塔 ………………………………………………………………（86）
第二节　派 ………………………………………………………………（90）
第七章　酥饼与泡芙制作 ………………………………………………（95）
第一节　清酥 ……………………………………………………………（95）
第二节　混酥 ……………………………………………………………（100）
第三节　泡芙 ……………………………………………………………（106）
第八章　西点装饰 ………………………………………………………（110）
第一节　巧克力装饰 ……………………………………………………（110）
第二节　糖泥装饰 ………………………………………………………（115）
第三节　水果装饰 ………………………………………………………（119）
参考文献 …………………………………………………………………（122）

第一章　西式面点的基础知识

第一节　西式面点的特点和分类

一、西式面点的特点

西式面点有以下几方面的特点。

1. 用料讲究，营养丰富

制作西式面点的用料非常讲究，无论什么品种，其面坯、馅心、装饰、点缀等用料都有其各自的选料标准，各种原料也都有相互间的比例关系，而且大多数原料均要求称量准确。西式面点多以乳品、蛋品、糖类、油脂、面粉、干鲜水果等为原料，其中，蛋、糖、油脂的使用比例较大，且配料中的干鲜水果、果仁、巧克力等用量也很大，这些原料中含有丰富的蛋白质、脂肪、糖、维生素等营养成分，是人体健康必不可少的营养素。因此，西式面点具有较高的营养价值。

2. 工艺性强，成品美观精巧

西式面点在制作工艺上具有工序繁、技法多、注重火候、讲究卫生等特点，成品擅长点缀与装饰，能给人以美的享受。可以说，每件西点产品都是1件艺术品。其制作过程中的每一步操作都凝聚着西式面点师的创造性劳动。因此，制作西点的每一步工序都要依照其工艺要求去做，这是对西式面点师的基本要求。如果脱离了工艺性和审美性，西点就失去了其自身的价值。西点从造型到装饰，每个图案或线条都清晰可见、简洁明快，给人以赏心悦目的感觉，让食用者一目了然，并能领会西式面点师的创作意图。例如，制作1个结婚蛋糕，首先要考虑蛋糕的结构安排，考虑每一层之间的比例关系；其次要考虑蛋糕的色调，搭配要合理，尤其在装饰时要用西点的特殊艺术手法体现你所设想的构图，从而用蛋糕烘托出纯洁、甜蜜的新婚气氛。

3. 口味清香，甜咸酥松

西式面点不仅营养丰富、造型美观，而且还具有品种变化多、应用范围广、口味清香、口感甜咸酥松等特点。在西点制品中，无论是冷点还是热点，甜点还是咸点，都具有味道清香的特点，这是由制作西点的原料所决定的。制作西点通常所用的主料是面粉、奶制品、水果等，这些原料自身就具有芳香的味道；另外，还有加工制作时合成的味道，如焦糖的味道等。甜制品主要以蛋糕为主，有90%以上的西点制品要加糖，客人饱餐之后吃些甜食制品，口感会觉得更舒服；西点制品主要以面包为主，客人吃主餐的同时，会有选择地食用一些面包。

总之，一道完美的西点，都应具有丰富的营养价值、完美的造型和合适的口味。

二、西式面点的分类

西式面点的分类目前尚无统一的标准，但在行业及教学中常将西式面点分为面包、蛋糕、清酥、混酥、泡芙、饼干、冷冻甜食、巧克力和装饰造型9种类型。

1. 面包

面包是指以咸或甜口味为主的面包，包括硬质面包、软质面包、松质面包和脆皮面包等。

2. 蛋糕

蛋糕是指经一系列加工工艺制成的松软点心，包括清蛋糕、

油蛋糕、艺术蛋糕和风味蛋糕等。

3. 清酥

清酥是指经加工制成的一类层次清晰、松酥的点心。

4. 混酥

混酥是指经加工制成的一类酥而无层的点心。

5. 泡芙

泡芙是指将黄油、水或牛奶煮沸后，烫制面粉，搅入鸡蛋，先制成面糊，再通过成型、烤制或炸制成的一类制品。

6. 饼干

饼干有咸和甜两类，重量在5~15克，食用时以一口一块为宜，适用于酒会、茶点或餐后食用。

7. 冷冻甜食

冷冻甜食是指经搅拌冷冻或冷冻搅拌、蒸、烤或蒸烤结合制出的一类食品。冷冻甜食以甜为主，口味清香爽口，适用于午餐或晚餐后的甜品或非用餐时食用。

8. 巧克力

巧克力是指直接使用巧克力或以巧克力为主要原料，配以奶油、果仁、酒类等原料调制出的一类食品，口味以甜为主，主要用于礼品点心、节日点心、平时茶点和糕饼装饰。

9. 装饰造型

装饰造型是指经特殊加工，其制品具有食用和欣赏双重价值的一类制品。这类制品造型精美，工艺性强，色泽搭配合理，品种丰富。

上述9种西点类型基本涵盖了西点制作的全部内容。这种分类方法使各类型西点的特点相对突出，但有些类型之间都有相互的联系，产品也具有多重性，因此，很难划分归类，实际应用中要灵活掌握。

第二节　西式面点原料知识

面粉、油脂、食糖、鸡蛋、乳品等是制作西式糕点的主要原料，了解与研究这些原料的性质和质量，对于提高西点制作技术与产品质量，有着重要的意义。

一、面粉

面粉是由小麦磨制而成，也称小麦粉，是制作西点面包的主要原料。

（一）面粉的种类及特点

面粉根据其蛋白质的含量不同，可分为高筋面粉、中筋面粉、低筋面粉和一些特殊面粉，如全麦面粉、蛋糕粉等。

面粉中的蛋白质80%为麦胶蛋白和麦谷蛋白，这两种蛋白质吸水膨胀而形成面筋。在西点制作中，面团的面筋含量与质量，对产品影响很大。如制作面包时，面粉中面筋含量少，面团发酵不好，面包坯容易塌架，制成的面包不松软。而制作甜酥点心时，面团中面筋含量则不宜过高，否则，制成的糕点坯经过烘烤易收缩变形，入口韧而不酥松。

1. 高筋面粉

高筋面粉通常用硬质小麦磨制而成，其蛋白质含量高，面筋质湿重高于26%。高筋面粉主要用于面包类制品及特殊油脂调制的松酥饼。

2. 中筋面粉

中筋面粉是介于高筋面粉与低筋面粉之间的一种面粉，面筋质湿重高于24%。这种面粉应用较广，既可制作点心，又可用于面包制作。

3. 低筋面粉

低筋面粉由软质白色小麦磨制而成，蛋白质含量低，面筋质湿重不低于22%，一般适合制作蛋糕类制品和油酥类点心等。

4. 全麦粉

全麦粉由整粒麦粒磨成。此种粉可用于面包及特殊点心制作。

（二）面粉的性能

面粉在西点制作中的工艺性能，主要是由面粉中所含的淀粉和蛋白质的物理性质所决定的。

1. 淀粉的物理性质

面粉中的淀粉在常温条件下基本没有变化。如水温在30℃时，淀粉只能结合水分30%左右，大体上仍保持颗粒状态。而当水温达60℃以上时，淀粉颗粒不但膨胀，吸水量也增大，黏性增强，出现溶于水的膨胀糊化现象。在水温90℃以上时，黏度越来越大。一般热水调制面团具有黏、柔、糯和略带甜味的特点。

2. 蛋白质的物理性质

面粉中的蛋白质种类较多，其中，形成面筋质的主要是麦胶蛋白和麦谷蛋白。面筋质具有弹性、韧性和延伸性，这些特性对改善面团物理性能具有重要作用。在常温条件下，面粉中的蛋白质不会发生变性，吸水率高。水温30℃时，蛋白质能结合水分150%左右。但当水温达到60～70℃时，蛋白质就开始热变性，筋力下降，弹性、延伸性减退，吸水率降低。

（三）面粉的作用

1. 面团的主要原料

根据不同品种的需要，面粉可单独使用，也可以掺入其他辅料一起使用。西点中的水调面团、混酥面团、面包面团等都是以面粉为主调制的。

2. 形成产品的组织结构

面粉中的蛋白质加水搅拌形成面筋网络，起到了支撑产品组织的骨架作用。另外，面粉中的淀粉受热吸水润胀。这两个方面的共同作用使面坯在成熟过程中形成稳定的组织结构。

3. 为酵母提供发酵所需的能量

当制品中糖量较少或不加糖时，面团发酵时酵母发酵的养分来源要靠面粉提供。

（四）面粉的品质检验和保管

1. 面粉的品质检验

面粉品质主要从含水率、颜色、面筋质和新鲜度等几方面加以鉴定。

（1）含水率。我国规定面粉含水率应在13%~14.5%。含水率正常的面粉用手捏有滑爽的感觉。如捏面粉有形且不散，则说明含水量过多，不易保管。

（2）颜色。不同种类、不同等级的面粉，其颜色不同。一般来说，面粉的颜色随着面粉加工的精度不同而不同，加工精度越高，面粉颜色就越白。

（3）面筋质。面粉中的面筋质的含量是决定面粉品质的重要指标。在一定范围内，面筋质含量越高，面粉品质越好。

（4）新鲜度。面粉的新鲜度是鉴定面粉品质最基本的标准。新鲜的面粉有清淡的香味，气味正常，而陈旧的面粉，会带有腐败味、霉味，颜色发黑。

2. 面粉的保管

一般来说，面粉在保管中应注意调节温度、控制湿度、避免环境污染等几个问题。

（1）调节温度。面粉保管的环境温度以18~24℃最为理想。面粉应放在温度适宜的通风处保管。

（2）控制湿度。面粉具有吸湿的性能，在湿度较大的环境

中，面粉会吸收周围的水分而膨胀、结块、发霉、发热，影响面粉的质量。一般情况下，面粉在55%～65%的湿度环境中保管较理想。

（3）避免环境污染。面粉具有吸收各种气味的特性，保管面粉时应避免与有异味的原料放在一起，以防吸收异味。

二、糖

在西点制作中，糖是用途最多的辅助原料。

（一）常用糖的种类

西点制作中常用的糖主要有白砂糖、绵白糖、蜂蜜、饴糖、淀粉糖浆、糖粉等。

1. 白砂糖

白砂糖简称砂糖，是品质纯净的蔗糖，按其晶粒大小又有粗砂、中砂、细砂之分。砂糖为白色粒状晶体，纯度高，蔗糖含量在99%以上。由于砂糖色白明亮，颗粒整齐，故常用于制作糕点的饰表、化浆、熬糖等。

2. 绵白糖

绵白糖是白砂糖加入适量的转化糖浆加工而成的。绵白糖质地细软，色泽洁白，甜度较高，蔗糖含量在97%以上。

3. 蜂蜜

蜂蜜是由花蕊的糖经蜜蜂唾液中的蚁酸水解而成。蜂蜜含有芳香物质和大量的果糖（占37%）和葡萄糖（占36%），为透明或半透明的黏液体。

4. 饴糖

饴糖也叫麦芽糖或糖稀，它以谷类为原料，利用淀粉酶或大麦芽酶的水解作用制成。饴糖一般为浅棕色半透明的黏稠液体，其甜度不如蔗糖。饴糖是很好的面筋改良剂，它能使制品滋润而富有弹性，质地松软。它还是一种防砂剂，可以延缓砂糖结晶，还可以作为点心的着色剂。

5. 淀粉糖浆

淀粉糖浆又称葡萄糖浆，通常是用玉米淀粉加酸或加酶水解，经脱色、浓缩而成的黏稠液体。甜度高，湿度足，适用于各种西点蛋糕、面包等产品制作。

6. 糖粉

糖粉是蔗糖的再制品，为纯白色粉状物，味道与蔗糖相同。糖粉在西点中可代替砂糖和绵白糖使用，也可用于点心的装饰和制作大型点心的模型等。

（二）糖的作用

1. 增加甜味

糖最主要的作用是增加甜味，改善口感。

2. 提高制品的色香味

蔗糖具有在170℃以上产生焦糖的特性，故加入蔗糖的制品容易产生金黄色或黄褐色。砂糖、糖粉能对点心成品的表面装饰起重要作用。

3. 调节面筋筋力，控制面团性质

糖具有渗透性，面团中加入糖，面筋形成度降低，面团弹性减弱。每增加1%的糖量，面粉吸水率降低0.6%左右。食糖在筋性面团中有降低面筋筋力的作用，其对糖油比例较高的酥性面团影响更为明显。

4. 调节面团发酵速度

糖可作为发酵面团中酵母菌的营养物，促进酵母的生长繁殖，产生大量的二氧化碳，使制品膨大疏松。加糖量应限制在一定范围内，否则，影响面团发酵的速度。

5. 防腐作用

由于糖的渗透性能使微生物脱水，从而起到防腐作用，如各种蜜饯。

（三）糖的品质检验与保管

1. 品质检验

食糖的感官指标通常有三个方面：一是色泽，色泽在一定程度上反映了食糖的纯净度。二是结晶状况，优质糖的颗粒应均匀一致。三是味道特征，纯净的糖其味道应是纯正的甜味。

（1）砂糖。优质砂糖色泽洁白明亮，晶粒整齐、均匀、坚实，溶解在清净的水中应清澈、透明，无异味。

（2）绵白糖。色泽洁白，晶粒细小，质地绵软，易溶于水，无杂质，无异味。

（3）蜂蜜。色淡黄，呈半透明的黏稠液体，味甜，无酸味、酒味和其他异味。

（4）饴糖。浅黄色半透明黏稠液体，无酸味和其他异味，洁净、无杂质。

（5）淀粉糖浆。无色或微黄色，透明，无杂质，无异味。

2. 保管

食糖对外界湿度变化很敏感，容易吸收空气中的水分溶化或发干结块。尤其是在多雨季节，应注意防止食糖的溶化。

为了防止食糖的吸湿溶化或干缩结块，蔗糖应在凉爽、干燥、通风、无异味的环境中保存，要有防蝇、防鼠、防尘、防异味的措施。将食糖放在加盖的容器中，或用防潮纸、塑料布等隔潮材料遮盖，以防外界潮气的侵入。糖粉保管时，要注意避免重压或在温差大的环境下存放。蜂蜜、饴糖、淀粉糖浆更要密封保管，防止污染。

三、油脂

（一）油脂的种类及特点

油脂是西式面点的主料之一。西点制作中常用的油脂有黄油、人造黄油、起酥油、猪油、植物油类等。

1. 黄油

黄油又称奶油、白脱油，是从牛乳中分离加工出来的一种比较纯净的脂肪。常温下，外观呈浅黄色固体。黄油含脂率在80%以上，熔点为28~33℃，凝固点为15~25℃。黄油含有丰富的维生素A、维生素D和矿物质，具有奶脂香味。黄油营养价值较高，是其他任何食用油脂所不及的。

2. 人造黄油

人造黄油是以氢化油为主要原料，添加适量的牛乳或乳制品、香料、乳化剂、防腐剂、抗氧化剂、食盐等，经混合、乳化等工序制成。常温下形态和颜色近似于黄油，但风味不如黄油，一般不直接食用。一般人造黄油熔点为35~38℃。

3. 起酥油

起酥油是用各种动植物油加入10%~20%的氮气、氢气等(不饱和脂肪酸由于加氢而生成饱和脂肪酸)，特殊加工成含有一定气体的油脂。这类氢化起酥油色泽洁白、无臭、无异味，其可塑性、黏稠度、乳化性和起酥性都较理想。起酥油种类很多，有高效稳定性起酥油、溶解型起酥油、流动起酥油、装饰用起酥油、面包用起酥油、蛋糕用液体起酥油等。

4. 猪油

猪油是以猪板油为原料提炼出来的脂肪，呈软膏状，色泽洁白，熔点为32℃左右，起酥性好，可塑性强。

5. 植物油类

植物油类主要有橄榄油、花生油、玉米油、豆油等，常温下为液体。一般多用于油炸类产品和一些面包类产品的生产。

(二) 油脂的作用

油脂的作用主要体现在以下几个方面。

(1) 增加食品的香味，增进风味，增加营养价值。

(2) 在面团中添加适量油脂，可以调节面筋的胀润度，降

低面团的筋力和黏度。

(3) 增加面团的可塑性，有利于点心的成形。

(4) 油脂是点心成熟传热的介质，通过油脂的传热成熟，才能使制品达到香、脆、酥、松的效果。

(三) 油脂的品质检验与保管

1. 油脂的品质检验

油脂的品质检验一般多用感官检验的方法，从色泽、滋味、气味、透明度等几方面检验。

(1) 色泽。品质好的植物油色泽微黄，清澈明亮；黄油色泽淡黄，组织细腻光亮；奶油洁白有光泽，较浓稠；猪油凝固时为乳白色，熔化后为淡黄色。

(2) 滋味。植物油应具有植物本身的香味，无异味，无哈喇味；黄油和奶油应有新鲜的香味；猪油无肉腥味。

(3) 气味。植物油应有植物清香味，无异味；动物油应有其自身特殊香味。

(4) 透明度。植物油无杂质，无水分，透明度高；动物油熔化后清澈见底，无杂质。

2. 油脂的保管

油脂在保管中最易出现的是油脂酸败现象。为防止酸败现象的发生，油脂应在低温、避光、通风处保管，应减少与空气接触，以降低脂肪的氧化程度。

四、蛋品

(一) 鸡蛋的性能

1. 起泡性

鲜鸡蛋中的蛋白质是亲水胶体，具有一定的黏度和发泡性。经过快速搅拌后，改变其蛋白质的组织结构，使之能裹住气体，达到起泡胀发的作用。

2. 凝固性

鸡蛋内的蛋白质受热后会凝固。当温度为58~60℃，蛋白质的物理性质发生变化，形成复杂的凝固体。

3. 乳化性

鸡蛋的蛋黄中含有丰富的卵磷脂，卵磷脂具有亲油和亲水的双重性质，是非常有效的乳化剂。

（二）鸡蛋的作用

1. 提高制品的营养价值

鸡蛋中含有优质蛋白质、卵磷脂、矿物质和多种维生素，是人体不可缺少的营养物质。

2. 黏结作用

鸡蛋有一定的黏稠性，利用蛋液黏接面团、封口接缝，使产品成熟时不会分离。

3. 柔软作用

因鸡蛋中的卵磷脂是一种非常有效的乳化剂，点心、面包表面涂上蛋液，可以防止制品内部水分的蒸发，保持制品柔软性。

4. 着色作用

点心、面包入炉前表面涂蛋液，可以改善表皮的色泽，产生光亮的金黄色或黄褐色。

5. 膨胀作用

蛋白的发泡性，可增加制品的体积。

（三）蛋的品质检验与保管

1. 品质检验

鉴别蛋是否新鲜，一般采用感观法、振荡法、比重法、光照法等。其中，感观法多用于食品加工，主要用4个方法对蛋的品质加以鉴定。

（1）蛋壳状况。新鲜蛋蛋壳手摸发涩，表面洁净、有自然光泽；陈蛋表面光滑，颜色发暗。

（2）蛋的重量。两个外形大小相似的蛋，重者为新鲜蛋，轻者为陈蛋。

（3）蛋的内容物状况。新鲜蛋打开倒出，内容物黄、白系带等完整地各居其位，蛋白浓厚、无色、透明。

（4）气味和滋味。新鲜蛋打开倒出后没有不正常的气味，煮熟后蛋白无味，色洁白，蛋黄有鸡蛋特有的味道。

2. 蛋品的保管

引起蛋类变质的原因主要有温度、湿度、蛋壳气孔和蛋内的酶。故在保管蛋品时，必须设法塞闭蛋壳气孔，防止微生物侵入，同时，注意保持适宜的温度、湿度，以抑制蛋内酶的作用。

保管鲜蛋一般采用冷藏法，温度不低于0℃，湿度为85%。储存时不要与有异味的食品放在一起。不要清洗后储存，以防破坏蛋壳膜，引起微生物侵入。

五、乳品

（一）乳品的种类及特点

乳品是西式面点常用的原料。一般常用的乳品有牛奶、酸奶、炼乳、奶粉、鲜奶油、奶酪等。

1. 牛奶

牛奶又称牛乳。乳中含有丰富的蛋白质、脂肪、多种维生素及矿物质，还有一些胆固醇、酶及磷脂等微量成分。人类已知的食物中没有任何一种食物可与乳的营养价值相比。牛奶除营养价值高外，还有独特的奶香味。

2. 酸奶

酸奶是将牛奶经过特殊处理发酵而制得。酸奶是利用乳酸菌的发酵，当牛奶的pH值下降至4.6时，奶中的酪蛋白凝固即成酸奶。酸奶的营养价值与牛奶的营养价值相同，常用于西式早餐和制作一些特殊风味的蛋糕。

3. 炼乳

炼乳是新鲜牛、羊奶经严密消毒，真空浓缩而制成。分甜炼乳和淡炼乳2种，色泽淡黄，呈均匀稠厚流体状，有浓郁的奶香味，常用于制作布丁之类甜点。

4. 奶粉

奶粉是以鲜奶为原料，经过浓缩后用喷雾干燥或滚筒干燥而制成。奶粉有全脂、半脂和脱脂3种类型。其含水量低，便于保存，食用方便，广泛用于面包制作。

5. 鲜奶油

鲜奶油是从鲜牛奶中分离出来的乳制品，一般呈乳白色稠状液体，乳味浓香。由于含油脂率的不同，鲜奶油又可分为单奶油（含28%奶脂）、双奶油（含48%~50%奶脂）、起沫奶油（含38%~40%奶脂）3种。

奶油的稠度取决于奶脂含量。奶油主要用于西点制作，但由于含水量较高，不易保存。

6. 奶酪

奶酪又称芝士、乳酪等。它是奶在凝化酶的作用下，奶中的酪蛋白凝固，经较长时间的生物变化加工而成的一种乳品，其营养价值高，风味独特。奶酪主要用于制作芝士饼、芝士条、芝士蛋糕等。

（二）乳品的性能

1. 乳化性

因乳品中的蛋白质含有乳清蛋白，这种蛋白能降低油和水之间的界面张力，形成均匀稳定的乳浊液。乳清蛋白在食品中可作为乳化剂。

2. 抗老化性

乳品中含有大量的蛋白质，能够改变面团的胶体性能，调节面团的胀润度，使成品不易收缩变形，并有酥松性。

（三）乳品在西式面点制作中的作用

（1）乳品能改善制品组织，使制品柔软、疏松，富有弹性。

（2）乳品具有起泡性，使制品体积增大。

（3）乳品的特殊奶香味，使制品风味独特。

（4）乳品能延缓制品的老化，还能提高制品的营养价值。

（四）乳品的品质检验与保管

1. 牛奶

牛奶应呈乳白色，略带甜味，具有鲜奶香味，无杂质，无异味。牛奶应在低温环境中储藏。

2. 酸奶

酸奶呈均匀的半固态，乳白色，无杂质，无异味，味稍甜，具有酸奶香味。一般在低温环境下储存。

3. 奶粉

奶粉为白色或浅黄色的干燥粉末，奶香味纯净，无杂质，无结块，无异味。保管时应密封、避热，在通风环境中储存，同时，注意不要与有异味物品放在一起。

4. 鲜奶油

鲜奶油气味芳香、纯正，口味稍甜，质地细腻，无杂质，无结块，宜于低温冷藏。

5. 炼乳

为白色或淡黄色黏稠液体，口味香甜，无脂肪上浮，无霉斑，无异味，宜在低温、通风、凉爽干燥处保存。

6. 奶酪

奶酪内部组织紧密，切片整齐不碎，气味正常，宜冷藏储存。

六、食品添加剂

食品添加剂是指在不影响食品营养价值的基础上，为改善食品的感官性状，提高制品质量，防止食品腐败变质，在食品加工中人为地加入适量化学合成或天然物质的辅助原料。

食品添加剂按其原料来源可分为天然食品添加剂和化学合成食品添加剂两大类。按用途又可分为膨松剂、着色剂、赋香剂、凝胶剂、乳化剂、防腐剂等。本节重点介绍膨松剂、着色剂和赋香剂。

（一）食品膨松剂

食品膨松剂根据原料性质、组成可分为化学膨松剂和生物膨松剂。

1. 化学膨松剂

目前在食品加工中运用较广泛的有碳酸氢钠、碳酸氢铵、发酵粉。

（1）碳酸氢钠。碳酸氢钠俗称小苏打，白色粉末，无臭味，为碱性。在潮湿环境或热空气中缓慢分解，放出二氧化碳，分解温度为90~150℃。它在点心制作中起膨胀作用，通常用于制作饼干等面点。

使用小苏打时用量必须准确，用量过多会使制品表面产生黄色斑点，还会影响制品的口味。

（2）碳酸氢铵。碳酸氢铵俗称臭粉、臭碱，白色结晶，有氨臭味，属碱性膨松剂，对热不稳定，分解温度30~60℃。碳酸氢铵分解产生氨气和二氧化碳2种气体，产气量大，上冲力大，如果用量不当，容易造成成品质地疏松，内部或表面出现大的空洞。

（3）发酵粉。发酵粉俗称泡打粉、发粉、焙粉，它是由一些碱剂、酸剂和添加剂配合组成。发酵粉按其作用速度可分为快速发酵粉、慢速发酵粉和复合型发酵粉。

①快速发酵粉：在常温下接触液体的最初几分钟就能放出大部分气体。在使用快速发酵粉时，必须快速操作，以避免二氧化

碳的损失。

②慢速发酵粉：在常温下很少释放二氧化碳，一般在进入烤箱后达到一定温度才能发生全部反应。

③复合型发酵粉：用快速发酵粉和慢速发酵粉混合而成，点心和饼干生产多用此类发酵粉。它在常温下只能释放出 1/5 的气体，而 4/5 的气体在烤炉中释出。

发酵粉使用时若过量，成品中的残留物会使食品带有苦涩味，并影响成品的色泽和形态，使用量一般为 1%~2%。

2. 生物膨松剂

西式面点中使用的生物膨松剂主要是酵母。发酵面团的胀发作用是通过酵母的发酵来完成的。目前常见的酵母有鲜酵母、活性干酵母，即发活性干酵母、液体酵母。

（1）鲜酵母。鲜酵母又称压榨鲜酵母，它是酵母菌在培养基中通过培养、繁殖、分离、压榨而制成的。它呈块状，乳白色或淡黄色，具有酵母的特有香味。适宜放置在阴凉处，在 4℃左右的冰箱内可较久存放。其一般使用量为面粉的 1%左右，使用前用 30℃左右温水化开再掺入面粉一起搅拌。鲜酵母在高温下储存容易变质和自溶。

（2）活性干酵母。活性干酵母又称依士，是由鲜酵母低温干燥制成的颗粒状酵母。发酵力不如鲜酵母，使用前需用温水活化，以恢复酵母的活力。活性干酵母便于储存。

（3）即发活性干酵母。它是一种发酵速度快的高活性新型干酵母，具有发酵力强、发酵速度快、活性稳定、便于储存等优点。使用时不需要活化，但要注意添加顺序，应在所有原料搅拌 2~3 分钟后再加入即发活性干酵母。特别注意它不能直接接触冷水，否则，会严重影响即发活性干酵母的活性。

（4）液体酵母。液体酵母俗称酒花液、酵母液。这种液体酵母以酒花、土豆、糖等为原料，由厨师自制。根据制法与原料的不同，一般有酒花酵母、甜酒曲酵母、面包酵母、啤酒酵母、槐花酵母、土豆酵母等，风味独特，但保管和制作都较麻烦。

（二）食用色素

食用色素又称着色剂，它是以食品着色为目的的食品添加剂。根据食用色素的来源和性质，可分为天然色素和人工合成色素两大类。

1. 天然色素

天然色素指从动、植物组织中提取的色素，色调比较自然，无毒性。天然食用色素本身是食品，有些天然色素还有营养作用，如β-胡萝卜素等。但天然色素提取工艺复杂，性质不够稳定，不易着色均匀，不易调色。我国规定使用的天然色素有姜黄、甜菜红、虫胶色素、红曲素、辣椒红色、叶绿素、胡萝卜素、红花黄色素、糖色等。此外，可可粉、咖啡也是西式面点较好的调色原料。

2. 人工合成色素

人工合成色素又称合成食用色素，大部分是以煤焦油中分离出来的苯胺染料为原料制成的。无营养价值，而且或多或少带有一定毒性，对人体有害。但人工合成色素色泽鲜艳、稳定，使用方便。目前，我国规定使用的人工合成色素有：苋菜红、胭脂红、柠檬黄、日落黄和靛蓝。国家规定的人工合成色素使用量，苋菜红不超过 0.5/10 000，柠檬黄、日落黄、靛蓝不超过 1/10 000。

（三）赋香剂

赋香剂能增进点心制品的香味，具有抑制细菌和防止食品腐败的功能。赋香剂按不同的来源可分为天然香料和人工香料。

1. 天然香料

天然香料主要是植物性香料，常用的有柠檬油、甜橙油、橘子油、咖啡油和香草根。

2. 人工香料

人工香料主要是指通过化学方法提炼而合成的食用香精或香料。人工合成的香料一般不单独使用，多数配制成香料后使用，直接使用的合成香料有香兰素。

（1）香兰素。香兰素又称香草粉，为白色的结晶体，具有特殊的香气，易溶于乙醇、乙醚、氯仿及热挥发油中，易溶于热水。受光照影响而变化，在空气中易氧化，遇碱会变色。其使用量最大限度为4/10 000。

（2）食用香精。它是由数种或数十种香料经稀释剂调和而制成的复合香精。按稀释剂的不同分为水溶性香精和油溶性香精两类。

①食用水溶性香精：用蒸馏水、乙醇、甘油作为稀释剂，调和以香料而成水溶性香精，一般为透明的液体。因容易挥发，不宜用于高温成熟的制品。其最大限度使用量为20/10 000。

②食用油溶性香精：用精炼植物油、甘油、丙二醇等作稀释剂，调和以香料而成油溶性香精。一般是透明的油状液体，因稀释剂沸点高，宜用于经高温成熟的制品。其最大限度使用量为15/10 000。

常用的香精有香蕉精、菠萝精、草莓精、杏仁精、橘子精、香草香精和奶油香精等。香精和香料广泛地使用于各种糕点、饼干、冰淇淋木斯、布丁和冷冻甜食中。由于香精和香料有毒，使用时一定要严格掌握用量，按产品的说明书使用。

（四）凝胶剂

点心制作中，能使制品冷却后凝结成柔软、富有弹性的胶冻的物质，称凝胶。一般把具有这种特性的原料称为凝胶剂。凝胶剂不仅能装饰美化制品，还能增加制品黏稠度，使之滑润适口。常用的凝胶剂有琼脂、明胶。

1. 琼脂

琼脂又名洋菜、冻粉，是从海藻类的石花菜中提炼的半乳糖多糖聚合体。其呈无色或淡灰色半透明体，有粉状、条状、片状3种形状，无味，吸水性很强。其凝固点是28~40℃，通常用于制作冷冻甜食。琼脂由可食海藻植物加工而成，无毒性，具有一定的营养价值。

2. 明胶

明胶又称鱼胶，是从动物的皮、骨、软骨、韧带等中提取的高分子多肽聚合物，为白色或微黄色半透明的微带光泽的薄片或粉粒状，不溶于冷水，但能吸水膨胀而软化，吸水率5~10倍。在热水中溶解，一般溶剂在30℃左右便会凝结成柔软而有弹性的凝胶。

明胶广泛地用于冰淇淋、软糖和餐后甜食类的胶冻食品。

（五）调味品

为了增加西点的风味特点，往往加入一些调味酒或调料。

1. 调味酒

西点常用的调味酒有红酒、樱桃酒、罗姆酒、植子酒、白兰地酒、薄荷酒、橙皮利口酒等。调味酒广泛用于高级西点中的少司、水果沙拉、膨松体奶油和一些冷冻食品。由于调味酒具有挥发性，应该尽可能在冷却阶段或加工后期加入，以减少挥发损失。

2. 调料

西式面点常用的调料有丁香粉、桂皮粉、肉寇粉、茴香籽，多用于圣诞点心、苹果派和面包的制作等。

此外，盐也是西式面点常用的咸味调料，是重要的辅助原料之一。盐在西点制作中可以增强面团筋力，调节面团的发酵速度，杀菌防腐。优质的食盐色白，结晶小，疏松，不结块，咸味醇正。

第三节　西式面点常用设备与工具

一、西式面点制作常用设备

1. 万能蒸烤箱

万能蒸烤箱是生产西点及西式菜肴的关键设备之一，也可用于面点成熟工具。全球专业厨房菜单上90%的菜肴都可以使用万能蒸烤箱烹饪，这一设备已经在欧洲流行多年，然而在中国，更多的厨师仍在使用传统的烹饪方式。万能蒸烤箱通过加热方式产生大量热气，经由循环风扇将热量均匀分布到烤箱内。加热过程中可向加热源适当喷水，提高烤箱内部湿度，让食材达到外焦里嫩的口感。它结合了快炒、蒸煮与烤的优势，烹饪时间短、原材料不缩水、多汁，还能增加香气、色泽，香脆外皮，非常适合中餐使用，对于菜品的设计与制作也非常有帮助。

2. 搅拌机

搅拌机主要用来搅打蛋糕坯料和奶油浆料，通过快速旋转搅打，改变蛋糕坯料或奶油的内部物理性状结构，形成新的性状稳定组织，方便蛋糕成型。大型搅拌机，适用于搅打10千克以上的原料，如蛋糕坯料，也可搅打奶油；常用的万能搅拌机，适用于搅打5千克以下的原料；小型搅拌机也称奶油搅拌机，用于搅打鲜牛奶或鸡蛋。

3. 压面机

压面机由机身、马达、传送带、面皮薄厚调节器、传送开关等构成，有立式和平台式2种。立式的用于压制面团，使其平整无多余气体；平台式多用于制作酥皮和丹麦面皮、牛角包等。

4. 发酵柜、烤盘架

发酵柜，是醒发面团的专用器具，有温度和湿度调节器。烤盘架，用来放置烤盘和冷却烤好的制品。

5. 烤炉

烤炉又称烤箱，是生产面包、西点的关键设备之一，为面点成熟工具。烤炉的式样很多，没有统一的规格。按热能来源分，有电烤炉和煤气烤炉；按工作原理分，有对流式和辐射式 2 种；按构造分，有单层、双层、三层等组合式烤炉，此外，还有立体旋转式烤炉、平台链条式烤炉等。目前，越来越多人以万能蒸烤箱来生产和制作各类西式面点。

6. 切片机

切片机用于切制面包、吐司，规格多为 24 片制。用切片机切出的面包比用手工切得更均匀、大小更一致。

7. 蛋糕分片器

蛋糕分片器用于切制蛋糕。其切出的蛋糕比手工切得更均匀、大小更一致。

二、西式面点制作常用工具

1. 秤

秤是测定物体重量的器具。在西点制作中，要求原材料称量精确，刻度越精细越好。平常选用 1 千克称重的秤即可，常见的有弹簧秤和电子秤 2 种。

2. 量杯、量勺

量杯，是量液体体积的器具，形状像杯，口比底大，多用玻璃或不锈钢制成，杯上有刻度，通常有多种规格可供选择。制作西点时，量杯主要用来称量水、油等液体的体积。量勺，用来量体积极小的液体，分为 1 汤勺、1 茶勺、0.5 茶勺和 0.25 茶勺 4 种型号。

3. 温度计

温度计是测量温度的仪器，在西点制作中，多用于测量发酵

面团、巧克力溶液和一些液体的温度，以利于正确掌握制品的最佳操作时间。

4. 筛网

筛网是用竹篾、铁丝等编成的有许多小孔的器具，可以把较细碎的原料漏下去，较粗的、成块的原料留在上头。在面点制作中，常把筛子称筛网、粉筛，多用于筛制粉状类原料和糊状食品。

5. 蛋抽

蛋抽也称打蛋刷，是用不锈钢丝卷成环状固定在柄上的一种搅打工具。用来搅打鸡蛋、奶油或者比较稀且分量不多的液体。

6. 多面刨

多面刨有 4 个操作面，分别可以将食品原材料加工成不同规格的丝、条、片和屑末。在西式面点制作中主要用来加工柳丁、柠檬。

7. 擀面棍

擀面棍是擀面用的棍儿，通过用棍棒来回碾，使面团延展变平、变薄或变得细碎，有擀面杖、通心槌等不同种类，材质最好为不锈钢或木质，要求结实耐用、表面光滑，可依据制品原料用量选择不同尺寸。在制作西点时，擀面棍常用于擀制酥皮类制品、派塔类制品、丹麦松饼面团及其他小产品。

8. 刮板

刮板也称刮刀，有硬刮、软刮、齿刮之分，多用来整形和切割面团，也可以将案台上或和面盆内黏附的面团刮除。硬刮，多用于在案台上切割面团、调制馅心；软刮，用于刮净盆内的面糊或馅心；齿刮，用于刮奶油和巧克力，可利用齿的不同形状和不同密度刮出不同的纹路。

9. 切铲用具

制作西点的切铲用具，有西点刀、锯齿刀、抹刀和推铲。

刀，是切、削、割、砍用的工具，一般用钢铁制成；铲，是撮取或清除东西的用具，带把儿，多为铁制。西点刀，切蛋糕用；锯齿刀，切面包用；抹刀，用于涂抹鲜奶油和果酱、果膏等；推铲，用于巧克力成型或撮取各种薄脆小饼。

10. 拉网刀、滚轮刀

拉网刀、滚轮刀，用来分切面皮或让西点成型的工具，可以将西点拉出渔网状派皮，或是用于切割比萨、派等；也有专门用于切割烤熟的比萨或整形面团的单轮滚刀，可切出直边或波浪花边。

11. 滚轮压点器

滚轮压点器，西点成型工具，用于在派皮、比萨、饼干等西点上压出小孔。

12. 水果分切和成型工具

水果分切和成型工具，用于将各种水果分切或挖制成各种形状，再装饰于制品上。

13. 裱花工具

裱花工具是给原始蛋糕坯裱花、装饰的用具。常用的裱花工具，有转盘、裱花袋、裱花嘴等。转盘，用来放置西点原始坯，转动自如，方便裱花；裱花嘴，是裱制各种花卉，挤各种图案、花纹和填馅以及制作奶油蛋糕不可缺少的工具；裱花袋，主要用来盛装奶油，结合裱花嘴，通过人的握力，让奶油从裱花嘴中挤出，也可用来盛装面糊、果膏等原材料，起到给蛋糕等西点装饰造型的作用。

14. 西点模具

西点模具是西点成型工具，主要用于各种西式面包、蛋糕、慕斯、布丁、果冻、（核桃）塔、（苹果）派、蛋塔、小饼、塔皮、巧克力等西点的成型。有铝合金、锡纸、硅胶等各种材质，形状和造型也是各式各样，有脱底的，也有密封的，盘口径大小有多种规格。

第四节　饮食卫生要求

一、建立卫生制度

1. 个人卫生

（1）接受定期身体检查。食品生产经营人员每年必须进行健康检查。新参加工作的人员，必须经身体检查取得健康证后，方可参加工作。凡患有痢疾、伤寒、病毒性肝炎（包括病毒携带者）、活动性肺结核、化脓性或渗出性皮肤病5种传染病者应及时停止食品工作。经医生证明已治愈无传染性后再恢复工作。患有其他有碍食品卫生疾病（如流涎症、肛门瘘、膀胱瘘等）的人员，不得参加直接入口的食品工作。

（2）养成良好的卫生习惯。养成勤洗手、勤剪指甲、勤洗澡和理发、勤洗衣服和被褥、勤换工作服和毛巾的卫生习惯。

上班时个人着装要干净、整齐，工作服穿戴整洁，系好风纪扣。男不留胡须，女不染指甲。

操作时不吸烟，不随地吐痰，不挖鼻孔、掏耳朵、剔牙、剪指甲，不允许对着食品打喷嚏、咳嗽，不用勺子直接品尝食品，不戴戒指。

2. 环境卫生

（1）厨房卫生。它包括初加工间、切配间、冷菜间、烹调操作间、面点间、洗涤间以及出菜和回收餐具窗口等，要求各制作间有防尘、防害虫设备。

操作间的切菜板、切刀、木墩、容器应明确标示，生熟分开。厨房的上下水设施要合理。

（2）餐厅卫生。它包括日常清洁卫生和餐厅进食条件卫生。餐厅的地面、桌面、墙壁和玻璃窗等保持清洁。

3. 食具洗涤与消毒

食具的洗涤消毒方法实行一洗、二刷、三冲、四消毒。感官检验的方法为：光、洁、涩干。

二、食品卫生法与食品卫生制度

1. 食品卫生法的主要内容

《中华人民共和国食品卫生法》明确了食品卫生标准和管理原则，食品卫生检验监督机构及人员的职责、食品卫生经营者应承担的责任等。

食品卫生法的颁布实施，体现了国家法律的不断完善，体现了党和国家对人民健康的重视和关怀。使用法律手段是确保食品卫生最重要、最有力的武器。

2. 食品卫生管理制度

食品加工、销售、饮食企业卫生“五四”制是多年工作中形成的一套行之有效的卫生管理制度。其主要内容如下。

（1）由原料到成品实行“四不制度”。采购员不买腐烂变质的原料；保管验收人员不收腐烂变质的原料；加工人员（厨师）不用腐烂变质的原料；营业员（服务员）不卖腐烂变质的食品。

零售单位不收进腐烂变质的食品；不出售腐烂变质的食品；不用手拿食品；不用废纸、污物包装食品。

（2）成品（食物）存放实行“四隔离”。生与熟隔离；成品与半成品隔离；食品与杂物、药物隔离；食品与天然冰隔离。

（3）用（食）具实行“四过关”。一洗；二刷；三冲；四消毒（蒸汽或开水）。

（4）环境卫生采取“四定”办法。定人、定物、定时间、定质量，划片分工，包干负责。

（5）个人卫生做到“四勤”。勤洗手剪指甲；勤洗澡理发；勤洗衣服被褥；勤换工作服。

第二章　西式面点制作的基本手法

第一节　和、揉、搓、捏

一、和

和面是西点操作的第一道工序，其方法是将面粉倒在案板上，在面粉中间挪一块空穴，将配料放入空穴中，再用手由里向外逐步拌和均匀。根据面点制作的不同要求，和面团的手法略有不同要求。

1. 清酥面团

适用于高筋面粉，掺水、盐、鸡蛋，迅速拌和均匀，反复使劲摔打，使面筋网络形成，形成光滑有韧性的面团，再用来包上黄油，进行擀折叠。

2. 混酥面团

适用于低筋面粉，掺入鸡蛋、黄油、糖等物料，拌和均匀，拢合在一起，用手压一压，稍揉和即可。此面团不可多搓揉，防止面筋网络形成，影响制品酥松。

3. 发酵面团

选用高筋面粉，掺水、酵母等配料后，迅速调和均匀，反复揉和，使面筋网络形成，面团光滑、滋润，然后静置发酵。

二、揉

揉是制作面包的基本动作，是比较简单的成型方法。揉的作用是使面团中的气泡消失，增加面团的筋力。揉均、揉透的面团，内部结构均匀，外表光润爽滑，否则，影响质量。

揉可分为单手揉和双手揉 2 种。

1. 单手揉

适用于较小的面团。先将面团分成小剂，置于工作台上，再将五指合拢，手掌扣住面剂，朝一个方向旋转揉动。面团在手掌间自然滚动、挤压，使面剂紧凑、光滑、变圆，内部气体消失，面团底部中间呈漩涡形，收口向下，放置于烤盘上。

2. 双手揉

应用于较大的面团，其动作为一只手压住面剂一端，另一只手压在面剂的另一端，用力向外推揉，再向内使劲卷起。双手配合，反复揉搓，使面剂光滑，待收口集中变小时，最后压紧，收口向下放置于烤盘上。

3. 揉的基本要领

（1）揉面时用力要轻重适当，特别是发酵膨松面团更不能死揉，否则，会影响成品的膨松。

（2）揉面要始终保持一个光洁面，不可无规则乱揉。

三、搓

搓是将揉好的面团，运用手掌、手指的压力，让面团滚动成长条状的一种操作手法。

把固态的脂肪与干面粉混合均匀的手工操作动作也称为搓。搓油脂与面粉混合时，手掌向前施力，使面粉和油脂均匀地混合在一起。但用力不宜过猛，搓的时间也不宜过长，以防面筋网络形成，影响质量。

搓的基本要领如下。

（1）搓面时双手动作要协调，用力均匀。

（2）搓油脂与面粉混合时，要用手掌的基部，摁实推搓。

（3）搓条要粗细均匀，条面圆滑。

四、捏

用五指配合将制品原料黏在一起，做成各种栩栩如生的实物形态的动作称为捏。捏是一种有较高艺术性的成形法。

由于制品原料的不同，捏制的成品有两种类型：一种是实心的；一种是包馅心的。实心的为小型制品，其原料全部由杏仁膏构成，根据需要点缀颜色，有的浇一部分巧克力。包馅心的一般为较大型的制品，它是用蛋糕坯与蜂蜜调成团后，捏制所需的形状，然后用杏仁膏包上一层。捏的操作方法有时也需要借助一定工具，如花刀、花夹等。

捏的基本要领如下。

（1）捏制品时用力要均匀，面皮不能破损。

（2）捏制品封口时，不留痕迹。

（3）捏制品要美观，形态要真实、完整。

第二节　切、割、抹、挤

一、切

1. 切

切是借助于工具将制品（半成品或成品）分离成形的一种方法。切可分为直刀切、推拉切、斜刀切等。不同性质的制品，运用不同的切法，以确保制品的质量。

酥脆类及质地较绵软类的制品都采用推拉切的方法，以保证制品的形态完整。

直刀切是将刀垂直放在面坯料上，向下施压力使面坯分离。

斜刀切是将刀口向里与案板呈45°角，用推拉的手法将制品切断。斜刀切的方法多用于特殊形状的点心制作。

切的基本要领如下。

（1）直刀切的着力点在刀的中部，用刀垂直向下切。

（2）推拉切是刀由上往下压的同时前推后拉，互相配合。

（3）斜刀切一定要掌握刀的45°角。

（4）切制成品时，应要切得直，切得均匀，保证制品形态完整。

二、割

割是在面团表面划裂口，并不切断面团的造型方法。制品采用割的方法，目的是为了使制品烘烤后，表面因膨胀而呈现爆裂的效果。不同的制品要求割的深浅不同。

割的基本要领如下。

（1）割裂制品的工具锋刃要利，以免破坏制品的外观。

（2）根据制品的工艺要求，确定割裂口的深浅度。

（3）割的动作要准确，用刀不宜过大。

三、抹

抹是将调制好的糊状原料，放在制品表层，借助工具，将糊状原料平铺均匀、平整光滑的过程。如制作蛋卷时采用抹的方法，不仅把蛋糊均匀地平抹在烤盘上，制品成熟后还要将果酱、奶油等抹在制品的表面进行卷制。

抹的作用有2种：一是为了装饰，最明显的是制作奶油花蛋糕，蛋糕在作其他装饰之前，必须将其表面用奶油或黄油酱等抹平，为造型和美化创造条件。二是为了增加面点制品的风味和花色品种，如拿破仑蛋糕等。

抹的基本要领如下。

（1）必须掌握好抹料的性能，抹料必须细腻均匀。

（2）刀具掌握要平稳，用力均匀。

四、挤

挤是将调拌好的坯料装入布袋或卷纸中，用手挤压，使其从裱花嘴处溢出，依附在制品上的过程。挤的目的是增加制品的风味特点，美化制品，丰富品种。

挤有2种手法：布袋挤法和纸卷挤法。

1. 布袋挤法

先将布袋装入裱花嘴，然后将调拌好的坯料填入布袋，装半袋为宜。用右手虎口捏紧布袋上口，左手扶住下端，以45°角对着蛋糕表面，右手施力将坯料挤出。

2. 纸卷挤法

将有韧性光滑的纸剪成三角形，卷成一头小、一头大的喇叭形圆锥筒，在尖部剪一个口袋嘴子，然后填入坯料，装半袋为宜。上口折叠封紧，右手攥紧上口，左手扶住下端，右手施力挤出坯料。

3. 挤的基本要领

（1）双手配合默契，动作灵活，用力均匀。

（2）要有正确的操作姿势。

（3）装料要适宜，不要装得过满。

第三节　包、擀、卷、按

一、包

包是将面团压扁或擀平后，放入馅料收紧封口的操作过程。

包馅时，应将压扁的面皮放在左手掌上，馅料包入后，运用右手拇指与食指拉取周围的面团包住馅料，将封口捏紧即可。

包的基本要领如下。

（1）馅心居中，规格一致。

（2）包时要将封口收紧、捏紧。

二、擀

擀是借助工具将面团展开使之变成片状的操作手法。擀是面点制作中最常用的手法。擀对制品的质量影响很大，如清酥面的擀制，擀不好会造成跑油，层次混乱，且硬而不酥。擀制好的成品，起发好，层次分明，体轻个大。

擀的基本要领如下。

（1）擀制时拖力均匀，根据不同面团的性质掌握施力程度。

（2）擀制要平，无断裂，表面光滑。

三、卷

卷是将擀成的薄状的面片，从一头起，用手以滚动的方式，由小到大地卷成圆筒状的一种操作手法。

卷有单手卷和双手卷 2 种形式。

1. 单手卷

单手卷，是用一只手拿着形如圆锥形的模具，另一只手将面坯拿起，在模具上由小头向大头轻轻卷起，把面条均匀地卷在模具上，如羊角酥制品。

2. 双手卷

双手卷，是将蛋糕薄坯置于工作台上，涂抹上配料，双手向前推动卷起成型，如蛋糕卷制品。

3. 卷的基本要领

（1）卷时用力均匀，双手配合协调一致。

（2）卷制不能空心，粗细要一致。

四、按

按也称压或揿，是用手掌按扁、压圆成形的手法。按主要适用于形体较小的包馅点心，包好馅心后，用手一按即成。

按分 2 种手法：一种是用手掌跟按，常用双手配合，使之成为扁平的圆形；另一种是用手指揿，主要用食指、中指和无名指，三指并排，均匀揿压成饼。

按的基本要领如下。

（1）操作时用力均匀，轻重适当。

（2）按圆，不要将馅心压出。

第三章 面包制作

第一节 软面包

一、制作概述

1. 软面包

软面包指含油脂、糖分较高的面包。通常在和面时加入鸡蛋，在表皮或面包中有馅料。成品味道香、质地软。

2. 和面时所需水温的计算公式

和面时所需水温=面团温度×3-（室温+面粉温度+和面机器所产生的摩擦温度）。

3. 常用工具

制作软面包的常用工具，有电冰箱、粉筛、搅拌机、秤、片刀等。

4. 常用原料

主要有8种：白糖、食盐、高筋面粉、奶粉、鸡蛋、黄油、酵母、豆沙馅。

5. 和面过程

主要有12道工序（图3-1）。

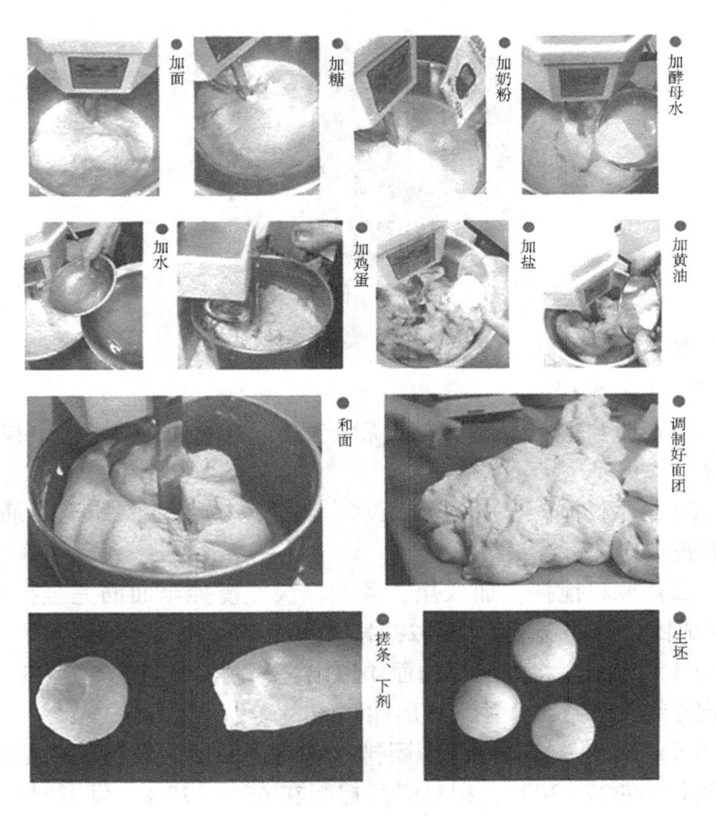

图 3–1　和面过程

二、制作实例

（一）圆面包

圆面包，如图 3–2 所示。

1. 准备原料

高筋面粉 500 克、奶粉 25 克、鸡蛋 50 克、酵母 5～10 克、

图 3–2　圆面包

盐 5 克、糖 100 克、黄油 50 克、清水 250 克。

2. 工艺流程

（1）原料搅拌。将高筋面粉、酵母和糖放入搅拌机中搅拌均匀。

（2）原料搅拌。分次加入水、炼奶、鸡蛋，搅拌至面筋初步扩展。

（3）原料搅拌。加入盐、黄油，快速搅拌至面筋完全扩展、均匀成团，面团温度为 26～28℃。

（4）成型。将发酵后的面团取出，分割，重量为 50 克 1 个，置于案台上松弛 5 分钟，整形揉圆。

（5）醒发。将揉好的面团排入烤盘内，放入发酵箱内醒发，温度控制在 27～30℃，相对湿度控制在 65%～75%，发酵时间约 1 小时。

（6）加以修饰。取出发酵好的生坯，在表面刷上蛋液。

（7）烘焙成熟。入炉烘焙，烤炉温度控制在 200℃，烘烤时间约 20 分钟。

3. 温馨提示

（1）高油脂面团刚和好时会比较稀软，一般需要放置 5～10 分钟后再进行分割。揉圆后，放入发酵箱中进行第一次发酵。发酵后不宜马上制作。需放至面团表面稍微收干水分后再制作成型。

（2）由于面包制作过程较复杂，许多因素都会导致制作失误。常见的失误及其成因如下。

①颜色太深：糖或牛奶过多，发酵不足（生面团），烘焙时炉内蒸汽不足，炉温过高，烘焙时间太长。

②颜色过浅：糖或牛奶太少，发酵过度（老面团），烘焙时炉内蒸汽太大，炉温过低，烘焙时间太短。

③皮太厚：糖或油脂不足，烘焙时炉内蒸汽不足，炉温偏低，烘焙时间太长。

④出现气泡：液体过多，发酵时湿度偏高，整制成型时面团内夹有过多空气或干粉。

（3）学会多制作几种馅心，就会多制作几种不同品种的面包。

（4）学会从面粉的色泽、面筋的强度、发酵的耐力、吸水量、品质的均一性等指标，来判断面粉质量的优与劣。

（二）编织面包

编织面包，如图 3-3 所示。

图 3-3　编织面包

1. 准备原料

高筋面粉 500 克、奶粉或炼奶 25 克、鸡蛋 50 克、酵母 10 克、盐 5 克、糖 100 克、黄油 50 克、清水 250 克。

2. 工艺流程

（1）原料搅拌。将高筋面粉、酵母和糖放入搅拌机中搅拌均匀。

（2）原料搅拌。分次加入水、炼奶、鸡蛋，搅拌至面筋初步扩展。

（3）原料搅拌。加入盐、黄油，快速搅拌至面筋完全扩展、均匀成团，面团温度为26~28℃。

（4）成型。将发酵后的面团取出，分割，重量为50克1个，置于案台上松弛5分钟，整形揉圆，然后搓成长30厘米的条，打结成“8”字形。

（5）醒发。将面包生坯排列在烤盘内，放入发酵箱中醒发，使面团膨胀到原来的2倍。

（6）烘焙成熟。入炉前，在面包上刷一层蛋液。烤炉预热至面火200℃、底火180℃，烘烤20分钟。

3. 温馨提示

（1）搅拌面团时，一定要测试面的起筋程度。可取一小团面，用双手能撑成透明薄膜状即可。

（2）一定要在面团起筋后再加入黄油，过早加入会抑制面筋生成。

（3）反复练习用双手揉搓面团，以达到熟练程度。

（4）根据天气的干燥和湿润程度以及气温高低，来适时调节和面的水量与水温。

（三）红豆面包

红豆面包，如图3-4所示。

图3-4　红豆面包

1. 准备原料

高筋面粉 500 克、奶粉 25 克、鸡蛋 50 克、酵母 5～10 克、盐 5 克、糖 100 克、黄油 50 克、清水 250 克、红豆馅 100 克。

2. 工艺流程

（1）原料搅拌。将高筋面粉、酵母和糖放入搅拌机中搅拌均匀。

（2）原料搅拌。分次加入水、炼奶、鸡蛋，搅拌至面筋初步扩展。

（3）原料搅拌。加入盐、黄油，快速搅拌至面筋完全扩展、均匀成团，面团温度为 26～28℃。

（4）分割。将发酵后的面团取出，分割，下剂，每个剂重 30 克，馅心 10 克。

（5）成型。包入馅心，用无缝包法包成圆形。

（6）醒发。将面包生坯排列在烤盘内，放入发酵箱中再次醒发，使面团膨胀到原来的 2 倍。

（7）烘焙成熟。入炉前，在面包上刷一层蛋液。烤炉预热至面火 200℃、底火 180℃，烘烤 20 分钟，至表面金黄、完全熟透即可。

3. 温馨提示

（1）面团发酵时，可记录下发酵的时间、温度和面团重量，以便掌握不同面团的发酵要求。

（2）一定要在面团起筋后加入盐，这样更能增强和稳定面筋。

第二节 吐司面包

一、制作概述

1. 吐司面包

吐司面包是用模子成型的体积较大的面包。有咸、甜之分和有馅、无馅之分。多切片，配以各种黄油、奶酪或果酱食用。

2. 常用工具

制作吐司面包时，常用到温度计、粉筛、搅拌机、秤、片刀、发酵箱、烤炉、吐司模等工具。

3. 常用原料

主要有 9 种：白糖、食盐、高筋面粉、奶粉、鸡蛋、黄油、酵母、豆沙馅、面包改良剂。

二、制作实例

（一）原味吐司面包

原味吐司面包，如图 3–5 所示。

图 3–5 原味吐司面包

1. 准备原料

高筋粉 500 克、水 250 克、酵母 10 克、糖 50 克、奶粉 10 克、盐 5 克、鸡蛋 1 个、改良剂 5 克、黄油 30 克。

2. 工艺流程

（1）原料搅拌。把高筋粉、糖、奶粉、酵母和改良剂放入搅拌机中，用中速搅拌均匀，分次加入水、鸡蛋，搅拌至面筋初步扩展；再加入盐、黄油，快速搅拌至面筋完全扩展均匀即可。

（2）面团发酵。将调制好的面团放入案台上醒发 10 分钟，分割成 1 000克的面团，揉圆，置于烤盘中，放入发酵箱中进行发酵。温度控制在 25℃、湿度控制在 70%，时间 1 小时。

（3）修整成型。取出发酵后的面团，置于案台上，风干3分钟，进行分割，每个重200克。用掌跟压平面团，然后用擀面棍将面团擀长并将空气压出，从上向下卷起，成圆柱形，捏紧收口。依次做完5个，并排放入吐司模中。

（4）二次醒发。把成型的面包生坯放在烤盘内，给模子盖上盖子，但不能盖严，应留1条5～8厘米的缝隙。放入发酵箱中再次醒发，温度27℃、湿度65%、时间1小时。

（5）烘焙成熟。给烤箱预热，将面火控制在190℃、底火控制在160℃。取出发酵好的面包，放入烤箱烘烤50分钟即可。

3. 温馨提示

（1）一定要将面团搅打至光滑后再加入酥油，酥油拌匀就可停机。

（2）应均匀分割面团，不然，成品出来会有大有小，不均匀。

（3）第二次对吐司进行发酵时，只要发到模子的七八成满即可，发得太过，面包会太空，口感不好。

（二）豆沙吐司面包

豆沙吐司面包，如图3-6所示。

图3-6　豆沙吐司面包

1. 准备原料

高筋粉500克、水250克、酵母10克、白糖100克、奶粉30克、盐5克、鸡蛋1个、改良剂5克、黄油50克、清水250克、豆沙馅100克。

2. 工艺流程

（1）原料搅拌。把面粉、奶粉、酵母、白糖放入搅拌机中搅拌均匀，加入鸡蛋与水，搅拌至面筋初步扩展；加入盐、黄油，快速搅拌至面筋完全扩展均匀即可。

（2）成型。取出面团，置于案台上，分割，下剂，每个重150克。搓圆剂子，用掌跟压平，然后用擀面棍将面剂擀长并将空气压出。在面剂上铺上豆沙，从上向下卷起，成圆柱形，捏紧收口。依次做完5个初坯，并排放入吐司模具中。

（3）醒发。把成型的面包生坯放在烤盘内，模具盖上盖子，但需留1条5~8厘米的缝隙，放入发酵箱中再次醒发，温度27℃、相对湿度65%~75%、时间1小时。

（4）烘焙成熟。烤箱预热，面火控制在190℃，底火控制在160℃。取出发酵好的面包，放入烤箱烘烤。

各类面包的和面过程大同小异，从擀皮放馅起，豆沙吐司面包的制作过程开始有所不同。

3. 温馨提示

（1）可用标准重量制作，练习时可适当减少重量，既节约成本又不费时。

（2）应根据天气冷暖适当调节酵母用量和发酵时间。

（3）可从模具盖子所留缝隙中观察面包的发酵程度，以防面包发酵过头。

第三节　千层面包

一、制作概述

1. 千层面包

千层面包是将油脂包进发酵面团中，经过擀制、折叠、发酵

而成的多层膨松制品。

2. 千层面包的种类

（1）丹麦包。类似于起酥点心，是一种含鸡蛋、油脂稍高，带甜味的擀制而成的面包。

（2）牛角包。其外形像牛角，多为带咸味的、擀制而成的面包。卷入的黄油使面包呈现薄层结构。

3. 常用设备及工具

设备和工具有电冰箱、粉筛、搅拌机、秤、片刀等。

4. 常用原料

原料主要有 9 种：白糖、食盐、高筋面粉、奶粉、鸡蛋、黄油、酵母、片状起酥油、吉士酱。

二、制作实例

（一）丹麦面包

丹麦面包，如图 3-7 所示。

图 3-7　丹麦面包

1. 准备原料

高筋面粉 400 克、低筋面粉 100 克、奶粉 20 克、酵母 10 克、白糖 150 克、鸡蛋 50 克、盐 5 克、黄油 40 克、片状起酥油 250 克、吉士酱 200 克。

2. 工艺流程

（1）原料搅拌。将面粉、奶粉、酵母、白糖放入搅拌机中搅拌均匀，分次加入鸡蛋、水，搅拌至面筋初步扩展；加入盐、黄油，快速搅拌至面筋完全扩展均匀即可。

（2）面团发酵。将和好的面团用保鲜膜包好，放入冰箱中冷藏松弛，时间约30分钟。

（3）开酥。将经松弛冷藏后的面团擀开，包入起酥油。先将面团擀成长方形，然后将长边对折成均匀的3等份，再擀开成长方形。然后将长边对折成均匀的4等份，再次擀成长方形。将长边对折成均匀的3等份，共折叠3次。每擀折1次，应根据起酥油的软硬程度放入冰箱中冷冻10~20分钟。

（4）修整成型、醒发。先将丹麦面团擀开至0.5厘米厚，分割成8厘米×8厘米的正方形。取两角对折，分别在两边切1刀，对叠穿过，成菱形。放入烤盘，入发酵箱中醒发，温度控制在27~30℃，湿度在70%~75%，发酵时间约1小时。

（5）烘焙成熟。在醒好的生坯表面刷上蛋液，中间挤吉士酱入炉烘焙。炉温控制在上火200℃、下火170℃，烘烤时间为20分钟。

3. 温馨提示

（1）冷藏面团时，应将面团擀成长方形再放入电冰箱。同样，应将起酥油切成长方形，才利于擀制成型。

（2）反复练习擀制包上起酥油后的面团，达到熟练程度。

（3）注意观察面团的软硬程度，适时调节面团温度，掌握面团的冷冻时间。

（4）许多甜面包产品，包括大多数丹麦面包产品，都是在烘烤后趁热刷上透明糖衣的。冷却后的丹麦面包产品可以用普通糖霜做糖衣。

（5）擀制酥皮时，要避免将包在面团中的起酥油擀出来，或擀制时起酥油分布不匀。

（6）在夏天，擀制丹麦面团时，每擀制1次，必须将面团放

入电冰箱中冷藏10~15分钟，然后再开始下1次擀制，这样可以避免起酥油因天气原因或擀制时的摩擦力等因素而使油脂熔化，因而影响成品质量。

（7）擀制时，一定要掌握好擀制的力度，确保起酥油分布均匀。

（二）牛角包

牛角包，如图3-8所示。

图3-8　牛角包

1. 准备原料

高筋面粉400克、低筋面粉100克、奶粉20克、酵母10克、白糖80克、鸡蛋50克、盐5克、黄油30克、片状起酥油250克。

2. 工艺流程

（1）原料搅拌。将面粉、奶粉、酵母、白糖放入搅拌机中搅拌均匀，分次加入鸡蛋、水，搅拌至面筋初步扩展；加入盐、黄油，快速搅拌至面筋完全扩展均匀即可。

（2）面团发酵。将和好的面团用保鲜膜包好，放入冰箱中冷藏松弛，时间约30分钟。

（3）开酥。将经松弛冷藏后的面团擀开，包入起酥油。先将面团擀成长方形，然后将长边对折成均匀的3等份，再擀开成长方形。然后将长边对折成均匀的4等份，再次擀成长方形。将长边对折成均匀的3等份，共折叠3次。每擀折1次，应根据起酥油的软硬程度放入冰箱中冷冻 10~20 分钟。

（4）修整成型、醒发。先将面团擀开至 1 厘米厚的薄片，切成等腰三角形，从底边向上卷起成牛角形。

（5）醒发。面团成型后放入发酵箱中醒发，温度控制在 27℃、湿度控制在 75%，发酵时间为 40 分钟。

（6）烘焙成熟。取出发酵好的面包生坯，在常温下风干表面水分。刷上一层蛋液，入炉烘烤。炉温控制在上火 200℃、下火 180℃，时间 20~30 分钟。

3. 温馨提示

（1）擀制酥皮时，可根据案台大小及工具要求来合理分割面团。

（2）每次擀制后，应根据面团的厚薄来确定冷藏时间的长短。注意不能冷藏得太硬，否则，擀制时起酥油会裂开，从而影响起层质量。

（3）面包制作过程较复杂，许多因素都会导致制作失误，应反复实践、观察、琢磨，掌握常见问题的处理方法。

（4）切三角形时，一定要切成等腰三角形。教师可给学生规定三角形的大小或尺寸，保证成品大小均匀，牛角两边对称。

第四节　全麦面包

一、制作概述

1. 谷物面包

谷物面包指面包中油脂含量偏少，在面团内经常添加高蛋白、高纤维或富合营养素等天然材料的面包。

2. 常用工具

制作全麦面包的常用工具，是温度计、粉筛、搅拌机、秤、片刀、发酵箱等。

3. 常用原料

白糖、食盐、高筋面粉、奶粉、鸡蛋、黄油、酵母、荞麦、酸奶、燕麦片、葡萄干。

二、制作实例

全麦面包，如图 3-9 所示。

图 3-9 全麦面包

1. 制作原料

高筋粉 600 克、水 770 克、酵母 15 克、大麦粉 85 克、荞麦粉 400 克、燕麦粉 125 克、盐 15 克、白糖 200 克、黄油 150 克、酸奶 250 克、葡萄干 100 克。

2. 工艺流程

（1）原料搅拌。把面包粉、大麦粉、黑麦粉与燕麦粉过筛。将水与酵母投入搅拌机中，加入粉料用中速搅拌 8 分钟，最后加盐，中速搅拌 4 分钟至光滑均匀即可。

（2）面团发酵。将调制好的面团放入发酵箱中发酵，温度控制在 25℃、湿度控制在 70%，时间约 1 小时。

（3）修整成型。取出发酵后的面团，置于案台上展开，松弛 15 分钟后分割下剂，每剂重约 75 克。用掌跟压平面团，然后将四周向中心折叠，最后揉成没有缝隙的圆球。

（4）最后醒发。给面包生坯表面洒水，裹上杂粮或切割出十字花纹。把成型的面包生坯排列在撒有面粉的烤盘内，放入发酵箱中再次醒发。温度控制在27℃、湿度65%，时间40分钟。

（5）烘焙成熟。预热烤箱，放入面包生坯，面火210℃、底火230℃，烘烤40分钟。前10分钟，通蒸汽烘焙；面包烤熟后，熄火，10分钟后出炉。

3. 温馨提示

（1）从发酵箱中取出面包生坯后，应在常温下放5~10分钟，待面包表面稍干后再行烘烤，这样处理过的面包烤好后表面光滑平整。

（2）注意调节发酵箱温度，天气热时可不开发酵箱；面团偏软时，应降低湿度或不开湿度调节器。

第五节　硬质面包

一、制作概述

1. 硬质面包

硬质面包主要以欧式面包为主，表皮硬脆，有裂纹，热量低；瓤心较松软。用料简单，主要有面粉、食盐、酵母、水；在烘烤过程中，需要向烤箱中喷蒸汽，使烤箱中保持一点的湿度，有利于面包体积膨胀爆裂和表面呈现光泽，以达到皮脆质软的效果。

2. 常用工具

常用工具有红外线烤箱、烤盘、多功能搅拌机、粉筛、量杯、刮刀、擀面棍。

3. 常用原料

常用原料有酵母、食盐、高筋面粉、面包粉。

二、制作实例

法棍面包，见图 3-10。

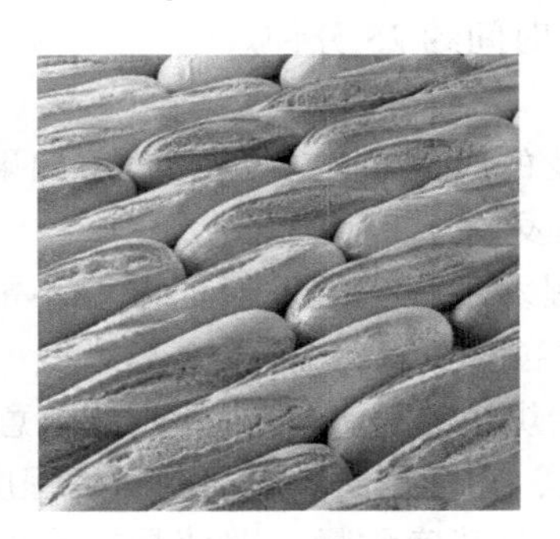

图 3-10　法棍面包

1. 准备原料

高筋粉 400 克、低筋面粉 100 克、酵母 10 克、盐 5 克、水 270 克。

2. 工艺流程

（1）原料搅拌。把面粉、酵母投入搅拌机中，慢速搅拌混合；加入盐，再加入水，慢速搅拌 2 分钟；改快速搅拌至面团达到要求，即面筋完全扩展。

（2）面团发酵。将面团取出，用保鲜膜包好，放入发酵箱中发酵。温度控制在 27℃，时间 30 分钟左右。

（3）修整成型。将面团取出，分成 150 克 1 个的剂子，搓圆，松弛 5 分钟，擀成长形，由外向里卷成两头稍细、中间略粗的长条形。

（4）二次醒发。将生坯排列在已刷油的烤盘内，放入发酵箱中醒发，温度控制在 27 ~ 30℃，湿度为 75% 左右，时间 60 分钟。

（5）表面装饰。取出发酵至七八成的生坯，在表面用薄刀片斜切 3 刀，深度大约为面团直径的 1/2，在切口处挤上黄油。

（6）烘焙成熟。烤箱预热，上火 230℃、下火 200℃，放入生坯，烤制成熟，时间约 25 分钟。

3. 温馨提示

（1）中间醒发的时间一定要足，面团如果松弛不够，会影响后面的造型和醒发。

（2）在最后醒发过程中醒发箱的湿度不能太大，否则，在给面团表面划刀时容易粘刀。

（3）在刚开始烘烤的 20 分钟内，不能随意打开烤箱，否则，烤箱中的蒸汽散失，会影响面包表面的脆裂程度。

（4）用料一定要精确称量，即使是很小的误差也会影响面包的质地与外形。

第四章　蛋糕制作

第一节　面糊类蛋糕

一、制作概述

1. 面糊类蛋糕

面糊类蛋糕是一类在配方中加有较多固体或液体油脂的蛋糕。虽然其弹性和柔软度不如海绵蛋糕，但质地酥散、滋润，带有油脂特别是奶油的香味，具有较长的保存期。面糊类蛋糕在西点中占有重要的地位，其配方中除了使用鸡蛋、糖和小麦粉外，它与海绵蛋糕的主要不同在于使用了较多的油脂（特别是奶油）以及化学疏松剂，目的是为了润滑面糊，以产生柔软的组织，并有助于在搅拌过程中，拌入大量的空气而产生膨大作用。面糊类蛋糕常见的品种有“重油雪芳蛋糕”“果仁蛋戟蛋糕”“哈雷蛋糕”等。

面糊类蛋糕可分为重油蛋糕和轻油蛋糕 2 种。

（1）重油蛋糕。重油蛋糕的油脂含量为 60%～100%，发粉用量为 0～2%，主要依靠油脂在搅拌过程中拌入空气使蛋糕起发。蛋糕组织紧密、颗粒细腻。

（2）轻油蛋糕。轻油蛋糕的油脂含量为 30%～60%，发粉用量是重油蛋糕的 1～3 倍，为 2%～6%，以帮助蛋糕膨发，蛋糕组织松软、颗粒粗糙。

2. 常用配料

配料主要有 8 种：低筋面粉、细砂糖、奶油、食盐、鸡蛋、清水、泡打粉、蛋糕油。

3. 制作方法

（1）粉油搅拌法。粉油搅拌法适用于油脂成分较高的面糊类蛋糕，尤其更适用于低熔点的油脂。制作前可先将面粉置于冷藏库，降低温度后以利打发。使用此方法时，需注意配方中油的用量必须在 60%以上，以防面粉出筋，造成产品收缩而得到相反的效果。

①将油脂放于搅拌缸内，用桨状搅拌器以中速将油脂搅拌至软。再加入过筛的面粉和发粉，改以低速搅拌数下（1～2 分钟），再用高速搅拌至呈松发状，此阶段需 8～10 分钟（过程中应停机刮缸，使所有材料充分混合均匀）。

②将糖与盐加入已打发的粉油中，以中速搅拌 3 分钟，此过程中应停机刮缸，使缸内所有材料充分混合均匀。

③再将蛋分 2～3 次加入上述原料中，继续以中速拌匀（每次加蛋时，应停机刮缸），此阶段约需 5 分钟。最后再将配方中的奶水以低速拌匀。面糊取出缸后，需再用橡皮刮刀或手彻底搅拌均匀即成。

（2）糖油搅拌法。糖油搅拌法又称传统乳化法，一直以来是搅拌面糊类蛋糕的常用方法。糖油搅拌法可加入更多的糖及水分，至今仍用于各式面糊类蛋糕，其常被使用的原因，主要是烤出来的蛋糕体积较大，其次则是习惯性。一般的点心制作，如凤梨酥、丹麦菊花酥、小西饼、菠萝皮等，皆使用糖油搅拌法。

①将奶油或其他油脂（最佳温度为 21℃）放于搅拌缸中，用桨状搅拌器以低速将油脂慢慢搅拌至柔软状态。

②加入糖、盐及调味料，并以中速搅拌至松软且呈绒毛状，需 8～10 分钟。

③将蛋液分次加入，并以中速搅拌；每次加入蛋时，需先将蛋搅拌至完全被吸收再加入下一批蛋液，此阶段约需5分钟。

④刮下缸边的材料继续搅拌，以确保缸内及周围的材料均匀混合。

⑤过筛的面粉材料与液体材料交替加入（交替加入的原因是面糊不能吸收所有的液体，除非适量的面粉加入以帮助吸收）。

二、制作实例

（一）重油雪芳蛋糕

制作“重油雪芳蛋糕”是利用配方中鸡蛋加糖搅拌再加入面粉，接着加入蛋糕油搅拌至起发，最后加入热熔解的固态油脂拌成面糊烘烤而成。成品特点是油香浓郁，口感醇香有回味，结构相对紧密，有一定的弹性。图4-1为重油雪芳蛋糕示意图。

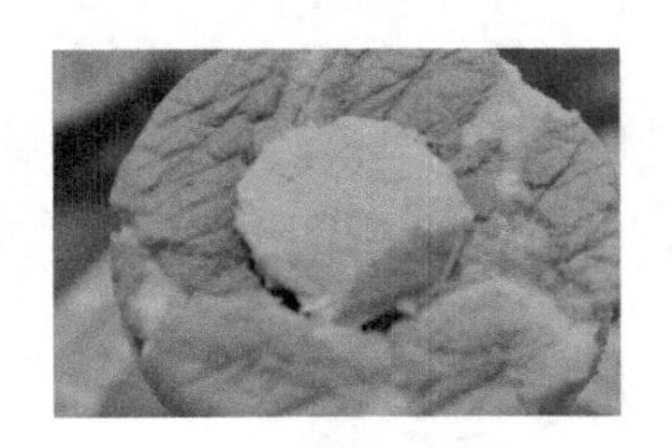

图4-1　重油雪芳蛋糕

1. 准备原料

鸡蛋875克，细砂糖500克，低筋面粉400克，高筋面粉250克，吉士粉50克，泡打粉5克，黄奶油450克，蛋糕油30克，鲜牛奶150克。

2. 工艺流程

（1）将蛋、糖倒入桶内慢速搅拌至糖溶解。

（2）将面粉、泡打粉、吉士粉筛过拌匀，加入蛋糕油快速加入打至六成起发，加入鲜牛奶转慢速拌匀，再加入已熔化的黄奶油拌匀成蛋糕面糊。

（3）将 13 个雪芳蛋糕模垫上油纸杯，装模八成满蛋糕面糊，先用上火 190℃、下火 180 烘烤 7~8 分钟取出，在蛋糕中间切一刀，再改用上火 180℃、下火 170℃ 烘烤 20 分钟，出炉脱模即成。

3. 温馨提示

（1）加入蛋糕油拌打至六成起发即可。

（2）最后加入黄奶油时，要慢速徐徐加入。

（二）果仁蛋戟蛋糕

这款蛋糕吃起来有松厚的感觉，奶香味浓郁，瓜仁脆口。图 4-2 为果仁蛋戟蛋糕示意图。

图 4-2　果仁蛋戟蛋糕

1. 准备原料

鸡蛋 750 克，细砂糖 450 克，精盐 3 克，低筋面粉 550 克，蛋糕油 30 克，鲜牛奶 50 克，黄奶油 400 克，果仁（瓜子仁）片 60 克。

2. 工艺流程

（1）将鸡蛋、细砂糖、精盐放入搅拌桶内拌至糖全部溶解。

（2）加入低筋面粉拌均匀后加入蛋糕油，先慢速搅拌和匀，

再快速打至起发 3 倍，加入鲜牛奶及热熔的黄奶油搅拌均匀成面糊。

（3）将面糊倒入 12 个已铺纸的方枕形模具中，八成满，撒果仁片于面上。

（4）入烘炉以上火 180℃、下火 170℃烘至深金黄色出炉，脱模即成。

3. 温馨提示

（1）烘烤至面色合适还未熟透时，可盖纸或增大下火。

（2）撒瓜仁片要分布均匀。

（三）哈雷蛋糕

哈雷蛋糕因外形似哈雷彗星而得名，是重油蛋糕的 1 种。由于在制作中加入了液态酥油，因而使成品香醇可口。图 4–3 为哈雷蛋糕示意图。

图 4–3　哈雷蛋糕

1. 准备原料

鸡蛋 1 000 克，细砂糖 500 克，精盐 5 克，低筋面粉 600 克，吉士粉 50 克，泡打粉 15 克，液态酥油 400 克。

2. 工艺流程

（1）将蛋、细砂糖、精盐倒入搅拌桶内慢速搅拌均匀至糖溶解。

（2）加入筛过的低筋面粉、吉士粉、泡打粉中速拌匀，最后分次加入液态酥油拌匀成面糊。

（3）倒入20个圆形耐高温纸杯中，八成满即可。

（4）入烘炉以上火180℃、下火200℃烘烤约25分钟后即成。

3. 温馨提示

（1）液态酥油要分次徐徐加入。

（2）装模七八成满即可。

（3）烘烤熟后可在表面涂上一层光亮剂。

第二节 乳沫类蛋糕

一、制作概述

乳沫类蛋糕又称海绵蛋糕、清蛋糕，主要原料为蛋、糖、面粉，另有少量液体油。当蛋的用量较少时要增加化学膨松剂以帮助面糊起发，其膨发途径主要是靠蛋在拌打过程中与空气融合，进而在炉内产生蒸汽压力使蛋糕体积起发膨胀。根据蛋的使用方法不同，乳沫类蛋糕又可分为海绵类与蛋白类两类：使用全蛋的称为海绵蛋糕，使用蛋白（蛋清）的称为天使蛋糕。

（一）海绵蛋糕制作

1. 海绵蛋糕

因其结构类似于多孔海绵而得名，国外又称其为泡沫蛋糕。国内也称其为清蛋糕。海绵蛋糕一般不加油脂或仅加少量油脂。海绵蛋糕充分利用了鸡蛋的发泡性，与油脂蛋糕和其他西点相比，具有更加突出、致密的气泡结构。质地松软而富有弹性。海绵蛋糕按制作方法分类，可分为全蛋搅打海绵蛋糕和分蛋搅打海绵蛋糕（即戚风海绵蛋糕）。一般常见的品种有“柠檬蛋糕”“拿破仑蛋糕”“巧克力贝壳蛋糕”等。

全蛋搅打海绵蛋糕还有以下几种类型。

（1）蛋黄海绵蛋糕。多加部分蛋黄。

（2）蛋白海绵蛋糕。多加部分蛋白。

（3）奶油海绵蛋糕。加入适量奶油或麦淇淋。

（4）乳化海绵蛋糕。加入乳化发泡剂。

（5）卷筒状海绵蛋糕。它又称瑞士卷，是海绵蛋糕造型上的一大类型，通过馅料、装饰等方式还可变化出各种花式卷筒蛋糕。

海绵蛋糕具有的多孔泡沫结构是由蛋液搅打时所产生的发泡作用而形成的。在蛋浆打发过程中。随着气泡逐渐增加，面糊的体积和硬度也逐渐增加，直到增加到最大体积。如果继续搅打，由于气泡的破裂，浆料的体积反而会下降。为“安全”起见，搅打的“最适点”应控制在接近最大体积时，便停止搅打。

调制海绵蛋糕面糊时，对浆料打发程度的判断至关重要，打发不足或打发过度均会影响到成品的外观、体积与质地。打发程度一般可从以下几个方面来判断。

（1）打发体积已接近最大体积，即体积几乎不再增加。

（2）浆料呈白色膏状，十分细腻且有光泽。

（3）浆料已有一定硬度，搅头划过后能留下痕迹，且在短时间内不消失。

2. 常用配料

配料主要有 8 种：低筋面粉、细砂糖、色拉油、食盐、泡打粉、清水、蛋黄、全蛋。

3. 制作方法

（1）全蛋搅打法。该法为国外制作海绵蛋糕常用的传统方法。

①将蛋与糖一起充分搅打起发直至成为有一定黏稠度、光洁而细腻的白色泡沫膏。这一步需注意：装原料的容器和搅打器具事先需清洗干净，如有油脂将妨碍鸡蛋搅打起泡（除非有乳化

剂)；蛋液温度在25℃左右为宜，温度低时可置温水浴中搅打，以免搅打时间过长，但水温不能太高（不超过40℃），以防止鸡蛋凝固。

②在慢速搅拌下加入色素、风味物（如香精)、甘油或水等。

③加入已过筛的面粉，用手混合。方法是：手指伸开从底部往上捞起，同时，转动搅拌桶，混匀至无面粉颗粒即止。混合时操作要轻，以免弄破泡沫，且不要久混以防止面筋化作用。

④将制好的浆料装入蛋糕听或烤盘中，轻轻将表面抹平，即可送入炉中烘烤。

（2）分蛋搅打法。制作海绵蛋糕还可采用蛋白与蛋黄分开搅打的方法。

①用1/3的糖与蛋黄一起搅打起发，余下的糖与蛋白一起搅打成糖蛋白膏；两者混合后再加入面粉拌匀即成。

②糖与蛋白一起搅打成糖蛋白膏；面粉与蛋黄拌和成蛋黄面粉糊，再与糖蛋白膏混匀。

（3）低档海绵蛋糕制作方法。此方法适用于蛋、粉比在0.8以下的配方。

①将蛋与等量的糖一起搅打至有一定黏稠度。

②将牛奶与等量的面粉以及余下的糖、甘油一起调成浆状。

③将以上调和物再用手混匀，然后加入筛过的发酵粉和余下的面粉，用手混合成润滑的浆料即可。

（4）乳化法。目前，国内大多数饼屋已采用此方法制作海绵蛋糕。

（二）天使蛋糕制作

1. 天使蛋糕

天使蛋糕全部以“蛋白”作为蛋糕的基底组织及膨大原料，不含油脂，一般常见的品种有“天使蛋糕”“乳酪天使蛋糕”等。

蛋白搅拌的程度对于产品组织及口感的优劣有着相当大的影响，而其又因搅拌速度与时间长短，可分为起泡期、湿性发泡期、干性发泡期及棉花期4个阶段。

（1）起泡期。首先，蛋白要置于干净无油的圆底容器中，利用打蛋器顺同一方向搅打。至出现大泡沫时，就可以将砂糖分次加入蛋白中，此时加入砂糖可帮助蛋白起泡打入空气，增加蛋白泡沫的体积。

（2）湿性发泡期。蛋白一直搅打，细小泡沫会越来越多，直到全部成为如同鲜奶油般的雪白泡沫，此时将打蛋器举起，蛋白泡沫尖端下垂带大弯钩，此阶段称为湿性发泡期，适用于制作天使蛋糕。

（3）干性发泡期。干性发泡期也称硬性发泡期，湿性发泡再继续打发，至打蛋器举起后蛋白泡沫不会滴下的程度，为干性发泡期（或称硬性发泡期），此阶段的蛋白糊适合用来制作戚风蛋糕，或者是柠檬派上的装饰蛋白。

（4）棉花期。继续搅打会过头，泡沫呈固体状，已经无法制作蛋糕。

2. 常用配料

配料主要有6种：低筋面粉、细砂糖、色拉油、食盐、塔塔粉、蛋白。

3. 制作方法

（1）直接法。将蛋白温度控制在17~24℃，快速搅打至粗大发泡，分次加入砂糖搅拌至湿性发泡。加入过筛的面粉拌匀即可。

（2）糖蛋法。将蛋白温度控制在17~24℃，加入糖打匀，再加入塔塔粉、乳化剂打匀至粗大发泡，加入面粉快速打到湿性起泡即可。排气，缓慢加入色拉油。

二、制作实例

（一）柠檬蛋糕

柠檬汁是指新鲜柠檬挤出的汁。将新鲜柠檬对半切开，用榨汁机榨出汁即可使用。想要减少配方里的糖请注意：如果减糖太多，蛋糕可能会比较酸。图 4-4 为柠檬蛋糕示意图。

图 4-4 柠檬蛋糕

1. 准备原料

鸡蛋 1 200克，净蛋黄 300 克，细砂糖 600 克，精盐 5 克，蜂蜜 80 克，低筋面粉 300 克，粟粉 100 克，柠檬汁 100 克，黄奶油 300 克，泡打粉 15 克，柠檬果酱 250 克。

2. 工艺流程

（1）取烤盘 1 个，铺上白纸，涂一层薄油，将低筋面粉、泡打粉、粟粉和匀筛过成混合粉备用。

（2）将蛋液、净蛋黄、细砂糖、精盐倒入搅拌机快速打至原体积的 3 倍，倒入混合粉，慢速搅拌 1 分钟至均匀。

（3）黄奶油先加热熔化倒入，加入柠檬汁、蜂蜜拌匀即咸蛋糕面糊。将面糊倒入烤盘中，抹平，入烘炉以上火 160℃、下火 140℃烘烤至熟呈浅金黄色。

（4）出炉后稍晾，反铺在不锈钢网上，散热后切成3大块，分别抹上柠檬果酱，然后把3块蛋糕叠起，切成三角形（16件）即成。

3. 温馨提示

（1）搅拌桶无油脂。

（2）黄奶油需预先熔化，最后倒入。

（3）拌好的蛋糕面糊应立即入炉烘烤。

（二）拿破仑蛋糕

“拿破仑蛋糕”即有一千层酥皮的意思，故又被称为千层酥。其酥皮的制作过程极为繁复。“拿破仑蛋糕”配上鲜果是最理想的组合，不少人爱在酥皮之间加上新鲜的草莓或芒果，令其味道更加丰富、清甜，甚至有人会用鲜奶油代替芝士酱，使其口感同样不俗。图4-5为拿破仑蛋糕示意图。

图4-5　拿破仑蛋糕

1. 准备原料

蛋糕底（鸡蛋300克，细砂糖180克，低筋面粉180克，奶油30克，吉士粉10克，蛋糕油12克，鲜牛奶50克，清水100克），掰酥面团600克，打发的鲜奶油600克，樱桃1个。

2. 工艺流程

（1）取烤盘一个，铺白纸涂一薄层油，用打海绵蛋糕糊的方法制成蛋糕糊，倒入烤盘中、抹平，送入烤炉用上火190℃、下火150℃烘烤10分钟至熟取出，稍晾去底纸，成蛋糕底。

（2）将已制好的掰酥面团取出，擀薄成长方块，按烤盘的规格放在烤盘内铺平，送入烤炉用上火210℃、下火180℃烘烤20分钟取出成掰酥皮，晾凉后切成2等份，备用。

（3）将蛋糕底取出切成2等份，分别抹上已打发的鲜奶油，铺上一层烤熟的掰酥皮，酥面再抹上鲜奶油，成四层掰酥蛋糕，将酥皮面上的鲜奶油抹平滑，然后切成日字形块（共36块），在每块面上用裱花袋装进打发的鲜奶油挤花草，用樱桃装饰即成。

3. 温馨提示

（1）蛋糕底及掰酥皮要凉后才夹。

（2）掰酥皮要擀薄至3毫米且均匀，并用餐叉或竹签刺孔，烤熟后才能平整。

（3）每夹一层应压平整。

（三）巧克力贝壳蛋糕

巧克力是以可可浆和可可脂为主要原料制成的一种甜食，不但口感细腻甜美，而且还具有一股浓郁的香气。巧克力可以直接食用，也可用来制作蛋糕、冰激凌等。图4-6为巧克力贝壳蛋糕示意图。

图4-6　巧克力贝壳蛋糕

1. 准备原料

鸡蛋500克，细砂糖300克，精盐3克，中筋面粉350克，泡打粉5克，鲜牛奶150克，黄奶油100克，蛋糕油25克，巧克力80克。

2. 工艺流程

（1）将鲜牛奶、黄奶油、巧克力加热融合，贝壳模具内涂少量油，中筋面粉与泡打粉和匀筛过成混合粉备用。

（2）将鸡蛋、糖、精盐倒入搅拌桶内打至糖完全溶解，加入筛过的混合粉搅拌至没有粉粒，加入蛋糕油快速打至原体积的3倍，加入已融合的鲜牛奶巧克力慢速拌匀成面糊。

（3）将面糊分放在30个贝壳模内至八成满，放入烤炉以上火190℃、下火150℃烘烤约25分钟至熟，出炉脱模即成。

3. 温馨提示

要先将鲜牛奶、黄奶油、巧克力加热和匀成液体。

（四）天使蛋糕

天使蛋糕和戚风蛋糕一样，是最基础的蛋糕之一。其特点是洁白、干净、雅致，口感稍显粗糙，蛋腥味较浓，但外观漂亮，也可调色，品种丰富多彩。图4-7为天使蛋糕示意图。

图4-7　天使蛋糕

1. 准备原料

蛋清1 000克，细砂糖400克，低筋面粉400克，精盐5克，塔塔粉8克，玉米粉50克，椰子香粉4克，酥油50克，泡打粉30克，清水200克，色拉油100克，鲜奶油150克。

2. 工艺流程

（1）将蛋清、细砂糖、塔塔粉、精盐倒入搅拌桶内用中快速搅拌起发至原体积的3倍成蛋白糊，呈鸡尾状。

（2）将清水、色拉油、酥油拌匀，加入低筋面粉、玉米粉、椰子香粉慢速拌匀成面糊。

（3）装入烤盘，送入烤炉用上火180℃、下火150℃隔水烘烤约30分钟，待晾凉后切成3大块，分别抹上鲜奶油，然后把3块蛋糕叠起，再切成长方形（18份）即成。

3. 温馨提示

（1）搅拌起发后不要继续拌打，否则，蛋白糊会“化水”。

（2）温度要控制好，烤成底无色、面浅黄色即可。

（五）乳酪天使蛋糕

乳酪有很多别名，又名干酪或奶酪，或从英语（Cheese）直译为芝士、起士或起司，是一种用奶放酸之后增加酶或食用菌制作的食品。奶酪通常以牛奶为原料制成。但也有用山羊、绵羊或水牛奶做的奶酪，现代也有用脱脂牛奶做的低脂肪干酪。奶酪大多呈乳白色到金黄色。传统的干酪含有丰富的蛋白质、脂肪、维生素A、钙和磷。图4-8为乳酪天使蛋糕示意图。

图4-8　乳酪天使蛋糕

1. 准备原料

蛋清500克，细砂糖260克，精盐4克，塔塔粉5克，低筋面粉280克，玉米粉20克，奶香粉2克，蛋糕油20克，椰浆50克，色拉油100克，葱花、红萝卜细粒、乳酪丝、沙拉酱各100克。

2. 工艺流程

（1）将蛋清、细砂糖、塔塔粉、精盐倒入搅拌桶内用中快速搅拌起发至原体积的3倍成蛋白糊，呈鸡尾状。

（2）加入低筋面粉、玉米粉、奶香粉慢速拌匀至完全无粉粒。

（3）然后加入蛋糕油，先慢后快搅拌至原体积的3倍，慢速加入椰浆和色拉油，搅拌至完全混合成蛋糕面糊。

（4）将蛋糕面糊分别倒入已涂上油并粘上面粉的30个菊花形模具内，八成满，表面撒上葱花、胡萝卜细粒、乳酪丝、沙拉酱做装饰。

（5）送入烤炉以上火180℃、下火150℃隔水烘烤约30分钟至熟透，出炉脱模即成。

3. 温馨提示

（1）蛋白搅拌过程不能时间太长，并要控制搅拌速度。

（2）蛋糕面糊搅拌要适度，否则，成品气孔粗，口感粗糙。

（3）注意炉温的控制，烘烤至底无色、面浅黄色、糕体完全熟透即可。

第三节 戚风蛋糕

一、制作概述

1. 戚风蛋糕

戚风蛋糕又称泡沫蛋白松糕。此类蛋糕结合了面糊类及乳沫类蛋糕，以达到改变乳沫类蛋糕的组织与颗粒，它采用分蛋法，即蛋白与蛋黄分开搅打再混合而制成的一种蛋糕，其质地非常松软，柔韧性好。此外，戚风蛋糕水分含量高，口感滋润嫩爽，存放时不易发干，而且不含乳化剂，蛋糕风味突出，因而特别适合高档卷筒蛋糕及鲜奶装饰的蛋糕坯。戚风蛋糕常见的品种有“牛奶黄金蛋糕卷”“千层蛋糕”“虎皮蛋糕”等。

2. 常用配料

配料主要有 10 种：低筋面粉、泡打粉、细砂糖、食盐、蛋黄、清水、色拉油、蛋白、糖、塔塔粉。

3. 制作方法

（1）加入所有的干性原料。把流质原料中的色拉油、蛋黄、清水按顺序加入到干性原料中，把所有原料搅拌均匀即可。

（2）蛋白的打发。蛋白、塔塔粉用中速搅拌至湿性起泡，加入配方中的糖，中速搅拌至干性发泡即可。

（3）先将 1/3 已打好的蛋白面糊加入到蛋黄面糊中，用手轻轻拌匀，再倒入剩余的 2/3 蛋白，用手轻轻拌匀即可。

二、制作实例

（一）牛奶黄金蛋糕卷

牛奶是最古老的天然饮料之一，被誉为“白色血液”，对人体的重要性众所周知。最难得的是，牛奶是人体钙的最佳来源，且钙、磷比例非常适当，利于人体吸收。在蛋糕制作中加入牛奶可使制品的色泽嫩黄淡雅，质地较嫩，奶香味浓烈，气孔比较细腻。图 4-9 为牛奶黄金蛋糕卷示意图。

1. 准备原料

（1）蛋清部分。蛋清 900 克，细砂糖 500 克，精盐 5 克，塔塔粉 10 克。

（2）蛋黄部分。蛋黄 400 克，鲜牛奶 200 克，细砂糖 250

图 4–9　牛奶黄金蛋糕卷

克，色拉油 300 克，低筋面粉 550 克，粟米粉 100 克，泡打粉 5 克，打发的鲜奶油 200 克。

2. 工艺流程

（1）用不锈钢盆将蛋黄部分的鲜牛奶、细砂糖、色拉油搅拌至糖完全溶化，加入筛过的低筋面粉、粟粉、泡打粉，搅拌至无粉粒后，再加入蛋黄充分搅拌至面糊光亮成蛋黄糊。

（2）将蛋清部分全部原料倒入蛋糕机搅拌桶内，细砂糖分次加入，先慢后快搅拌起发至原体积的 3 倍成蛋白糊。

（3）取 1/3 蛋白糊加入蛋黄糊内轻轻拌匀后，再倒回剩余的蛋白糊内充分搅拌均匀成威风蛋糕面糊，将面糊倒入已铺白纸的 2 个烤盘中，表面抹平整，以上火 170℃、下火 140℃烘烤约 25 分钟至熟出炉，稍晾，反铺在不锈钢网上，切成两大块，分别铺在白纸上，面上抹打发的鲜奶油，卷成筒状，静置约 30 分钟定型后，取出白纸，切 16 份即成。

3. 温馨提示

（1）搅拌蛋清的工具要干净、无油污，否则，搅打不起发。

（2）蛋清要打至发泡 3 倍量才合适，发泡不够影响起发，但起发后继续搅打则会化泡，使成品收缩。

（3）蛋白糊与蛋黄糊既要充分和匀，但又不能搅拌太多。

（二）千层蛋糕

所谓“千层蛋糕”是指经过一层一层慢慢烘烤达到九层的蛋糕，一般千层都是以九层为基础的。图 4-10 为千层蛋糕示意图。

图 4-10　千层蛋糕

1. 准备原料

（1）蛋清 1 000 克，精盐 5 克，细砂糖 500 克，塔塔粉 10 克。

（2）蛋黄 600 克，低筋面粉 550 克，泡打粉 5 克，细砂糖 150 克，蛋奶香粉 8 克，水 250 克，色拉油 250 克，打发鲜奶油 200 克。

2. 工艺流程

（1）用不锈钢盆将细砂糖、清水、色拉油搅拌至糖全部溶化，加入面粉、泡打粉和匀至无生粒，加入蛋黄拌至发亮软滑成蛋黄面糊。

（2）将蛋清、精盐、塔塔粉、细砂糖（分次加入）混合，先慢后快搅拌起发至 3 倍量，分 3 次拌入蛋黄面糊至完全和匀蛋糕面糊。

（3）烤盘垫上白纸，倒入蛋糕面糊，抹平，约 3 厘米厚，入烤炉以上火 150℃、下火 130℃烘烤约 18 分钟至熟。用相同方法制成 9 盘。

（4）出炉后去纸，每盘分切成三大块，用鲜奶油黏合叠成九层，面上抹鲜奶油，再切成24块三角形即成。

3. 温馨提示

（1）烤盘内蛋糕面糊厚薄要均匀，如太厚可用刀片去。

（2）炉温一定要控制好，烤至刚熟即可。

（三）虎皮蛋糕卷

虎皮蛋糕卷其实就是在普通蛋糕卷上加了一层“虎皮”。制作时，要烤出虎皮花纹，蛋黄一定要打发好，并用200℃的高温烘烤，使蛋黄受热变性收缩，就会呈现出美丽的“虎皮”花纹。图4-11为虎皮蛋糕卷示意图。

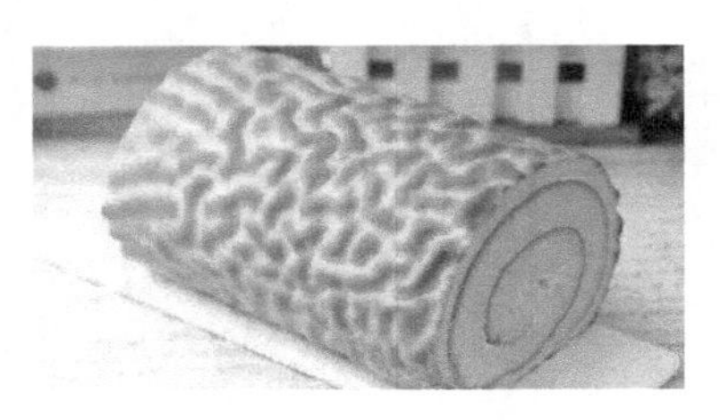

图4-11　虎皮蛋糕卷

1. 准备原料

（1）虎皮材料。蛋黄500克，细砂糖150克，精盐3克，低筋面粉60克，色拉油20克，打发的鲜奶油200克。

（2）戚风蛋糕坯1块（见“牛奶黄金蛋糕卷”）。

2. 工艺流程

（1）将蛋黄、细砂糖、精盐混合拌打至起发2倍量，加入低筋面粉拌匀至无粉粒，再加入色拉油拌匀，倒入已铺纸的烤盘内抹平整，入烤炉以上火230℃、下火140℃烘烤5～6分钟至熟，使表面呈虎皮花纹。

（2）晾凉后，将虎皮铺在白纸上，抹上打发的鲜奶油，再将定型的蛋糕体铺于虎皮上，抹上鲜奶油，卷成圆筒状，静置

30 分钟，定型后取出白纸，分切成 16 份即成。

3. 温馨提示

（1）制虎皮蛋糕浆要打至起发。

（2）烘烤时间不要过长，否则，焦黑易爆裂。

第五章　饼干制作

第一节　曲奇饼

一、制作概述

1. 曲奇饼

曲奇饼是用黄油、细砂糖等主料搅拌、烘烤而成的一类酥松饼干。

2. 曲奇饼的常见种类

（1）挤制型。将调制好的面糊用裱花袋（嘴）挤制成型。

（2）冷藏型。将调制好的两种或两种以上颜色的面团，放入电冰箱中变硬，然后再进行切割和烘焙。

（3）片状型。饼干质地密实，油脂含量高，可直接用手或模子成型。

3. 曲奇饼的常用成型手法

曲奇饼的常用成型手法有挤、拼、摆等。

4. 常用设备工具

制作曲奇饼时，常用到电冰箱、电烤箱、搅拌机、裱花嘴、裱花袋、秤、剪刀、片刀等设备工具。

5. 常用原料

原料主要有 15 种：白糖、食盐、面粉、蛋黄、无盐奶油、全蛋液、鸡蛋、奶粉、糖粉、柠檬皮、黄油、香草粉、香葱、牛奶、可可粉。

二、制作实例

(一) 原味曲奇饼（图 5-1）

图 5-1　原味曲奇饼

1. 准备原料

无盐奶油 155 克、细砂糖 150 克、盐 3 克、全蛋液 115 克、中筋面粉 250 克、香草粉 2 克。

2. 工艺流程

(1) 原料准备。将原料逐一称好，面粉过筛，备用。

(2) 调制面糊。把无盐奶油、细砂糖、盐、香草粉放入搅拌机内，用中速拌匀使之乳化，成乳白色膨松状即可。将全蛋液分 2 次加入搅拌机内，用慢速搅拌至均匀。然后，加入中筋面粉慢速拌匀成面糊状。

(3) 挤制成型。在烤盘上均匀地刷上一层薄油，再撒上少许面粉，以防生坯滑动。先将八齿裱花嘴装入裱花袋中，再将面糊装入裱花袋内，用右手虎口握紧袋口挤制成直径为 4~5 厘米的圆形生坯。

(4) 烘制。将生坯入烤炉烘烤，保持面火 180℃、底火

160℃，时间 20~25 分钟，烤至生坯表面成麦黄色即可出炉。趁热逐一将饼干从烤盘上取下，以免冷却后被粘住。

3. 温馨提示

（1）面粉必须过筛，以除去杂质。

（2）注意正确掌握原料的投放顺序，不可前后颠倒，否则，会影响成品质量。

（3）搅拌原材料时，中速或低速均可。在乳化过程中，一定要把握好原材料的膨松度，不可打制过发，否则，会影响制品成型。

（4）给曲奇饼挤制成型时，虎口处一定要握紧袋口，以防面浆往上溢出。

（5）在挤制饼干原材料时要注意把握手腕的力度，应按先重后轻的顺序将原材料向下挤在烤盘中。

（二）香葱曲奇饼（图 5-2）

图 5-2　香葱曲奇饼

1. 准备原料

低筋面粉 450 克、黄油 300 克、鸡蛋 100 克、糖粉 130 克、奶粉 50 克、香葱 100 克、盐 7 克。

2. 工艺流程

（1）原料准备。将原料逐一称好，将面粉、奶粉过筛备用。

（2）调制面团。将黄油、糖粉放入搅拌机内用中速搅拌均匀；再分次加入鸡蛋；转慢速后，加入低筋面粉，搅拌均匀，最后加入香葱搅拌成面团。

（3）面团成型。将面团取出，分成 350 克重的面剂，搓成 35 厘米的长形，并用油纸包好，放入冰箱冷藏。

（4）造型。待面剂形状硬化后再从冰箱取出。将其切成宽 1 厘米的片状，排放在已刷油的烤盘中。

（5）烘制。将生坯入烤炉烘烤，面火 180℃、底火 160℃，时间约 15 分钟，烤熟即可。

3. 温馨提示

（1）在烤盘上刷上适量的黄油或垫上高温油布，可增加成品的香味。但应注意，刷油过多，成品易走形。

（2）在烘烤生坯时，一定要控制好炉温，炉温偏低，会导致成品下塌过度、质地干硬、色泽较浅；炉温过高，成品边缘或底部会焦化。

（三）格子饼（图 5-3）

图 5-3　格子饼

1. 准备原料

（1）香草面团。无盐奶油 240 克、糖粉 150 克、蛋黄 1 个、低筋面粉 420 克、盐 3 克、柠檬皮 5 克、香草粉 2 克。

（2）巧克力面团。无盐奶油 160 克、糖粉 100 克、蛋黄 1 个、牛奶 8 克、低筋面粉 280 克、可可粉 16 克、盐 1 克。

2. 工艺流程

（1）原料准备。逐一将原料称好，面粉、可可粉过筛，备用。

（2）调制香草面团。把无盐奶油、糖粉放入搅拌机内，用中速搅拌均匀；加入蛋黄，再用中速搅拌均匀；将搅拌机调成慢速后，加入低筋面粉、盐、柠檬皮末和香草精，搅拌均匀成面团；将面团取出，擀成厚 1 厘米的长形薄片，然后切成宽 1 厘米的长条薄片，用保鲜膜包好，放入电冰箱备用。

（3）调制巧克力面团。把无盐奶油，糖粉放入搅拌机内，用中速搅拌均匀；加入蛋黄，再用中速搅拌均匀；将搅拌机调成慢速后，加入牛奶、低筋面粉、可可粉、盐，搅拌均匀成面团；将面团取出，擀成厚 1 厘米的长形薄片，然后切成宽 1 厘米的长条薄片，用保鲜膜包好，放入电冰箱备用。

（4）造型。将 2 种颜色的面团从电冰箱中取出，分别在面团中间刷上薄薄的蛋黄，交错重叠排好，并放进电冰箱冷藏，待其硬化后再取出。将其横切成宽 1 厘米的片状，排放在已刷过油的烤盘中。

（5）烘制。将生坯入烤炉烘烤，面火 160℃、底火 160℃，时间约 20 分钟，烤熟即可。

3. 温馨提示

（1）一定要控制好调制面团的速度，先用中速后改用低速。

（2）要重点观察切件的大小和切件的刀法。

（3）反复用锯刀法练习切件，下刀要慢、用力要均匀，使刀口光滑。

（4）冷藏面团的时间要足够长，以面团硬化为宜。

第二节　薄脆饼

一、制作概述

1. 薄脆饼

薄脆饼是用面粉、白糖、黄油、果仁等原料制作而成的厚度极薄的饼干。

2. 薄脆饼的品质特点

薄脆饼的品质特点是酥、香、脆。

3. 影响薄脆饼品质的主要因素

（1）面团中的含水量要适中，否则，成品会绵软。

（2）用糖量要适度，多则易烤焦，少则不酥脆。

（3）油脂含量要适度，多则易松散，少则不酥脆。

（4）一定要将成品密封储存，否则，会受潮，影响口感。

4. 常用工具

制作薄脆饼时，常用到粉筛、搅拌器、秤、薄饼模、抹刀等工具。

5. 常用原料

原料主要有 8 种：面粉、蛋白、杏仁片、芝麻、黄油、椰丝、糖粉、色拉油。

二、制作实例

（一）杏仁薄脆饼（图 5-4）

1. 准备原料

糖粉 115 克、黄油 85 克、蛋白 85 克、低筋粉 100 克、杏仁片 70 克。

图 5-4　杏仁薄脆饼

2. 工艺流程

（1）原料准备。逐一将原料称好，面粉过筛，备用。

（2）调制面糊。将黄油放入搅拌机内，用中速搅拌 5~8 分钟至乳化发白；加入糖粉搅拌 5 分钟，再将蛋白分次加入搅拌均匀；然后将搅拌机调成慢速，加入低筋面粉搅拌均匀即成面糊；将面糊装在大盆里，静置 20 分钟。

（3）成型。先将高温布垫在烤盘上，再铺上多孔薄饼模板一块，然后用抹刀将面糊摊入模板洞内并抹平。取出模板，在生坯面上均匀地撒上杏仁片。

（4）成熟。将生坯入烤炉烘烤，面火 160℃、底火 140℃，时间 8~10 分钟，烤至表面呈浅棕色即可取出。趁热将薄脆饼逐一放在薄脆饼架上定型，待冷却后取下即可。

3. 温馨提示

（1）生坯成型时，抹刀一定要紧贴薄饼模板，慢慢地往里推抹均匀，使面糊填满模板洞，否则，会影响成品质量。

（2）成品冷却后，应马上装入密封罐或包装封口，避免其受潮变软。

（3）如无薄脆饼架，可用小擀面杖代替。

（4）如无薄饼模板，可先用匙子将面糊滴落在烤盘上，再用事先蘸水的叉子将面糊摊薄，其效果与用模板制作出来的效果一样。

（5）可自制薄饼模。在厚纸板或厚塑料板上挖直径为6厘米的圆洞即成，还可挖成三角形、方形、椭圆形等。

（二）蜂巢芝麻薄脆饼（图5–5）

图5–5　蜂巢芝麻薄脆饼

1. 准备原料

色拉油100克、糖粉200克、鸡蛋液150克、低筋粉100克、芝麻仁250克。

2. 工艺流程

（1）原料准备。逐一将原料称好，面粉过筛，备用。

（2）调制面糊。将鸡蛋液、糖粉放入搅拌机中，用中速搅拌4分钟至均匀。将搅拌机调至慢速，加入低筋粉和芝麻仁搅拌3分钟成糊状，最后加入色拉油搅拌均匀，静置30分钟。

（3）挤制成型。将面糊装入大号裱花袋内，在放有高温布的烤盘内挤成直径为3厘米的圆形生坯。

（4）成熟。将生坯入炉烘烤，炉温控制在面火160℃、底火140℃，烘烤8~10分钟，呈棕色即可。成品出炉后，应立即用抹刀铲起，置于不锈钢台上冷却定型。

3. 温馨提示

（1）烘烤蜂巢芝麻薄脆饼时，尽量不要用底火，否则，容易烤焦。

（2）调好面糊后应静置足够长的时间，否则，成品的蜂巢孔洞形成会不充分。

（3）因面糊糖油含量高，成品易烤焦，可使用双层烤盘进行烘烤。

（三）椰蓉薄饼（图 5-6）

图 5-6　椰蓉薄饼

1. 准备原料

低筋粉 100 克、黄油 150 克、蛋白 250 克、糖粉 225 克、椰蓉 450 克。

2. 工艺流程

（1）原料准备。逐一将原料称好，面粉过筛，备用。

（2）搅拌黄油。将黄油放入搅拌机中，用中速充分搅拌 5 分钟，使黄油乳化色白。

（3）搅拌蛋白。在搅好的黄油中加入糖粉拌匀，再将蛋白分 5~7 次加入搅拌均匀。

（4）调制。将搅拌机调至慢速，加入低筋粉和椰蓉搅拌均匀成面糊状。

（5）成型。把高温布垫在烤盘上，用一个小汤匙舀起面糊，将面糊堆在高温布上，用抹刀将面糊摊平成 0.8~1 毫米的厚度即可。

(6) 烤制。将生坯放入烤炉内烘烤，炉温为面火160℃、底火140℃，烘烤8~10分钟，呈浅棕色即可取出。

3. 温馨提示

(1) 做好的薄饼冷却后，应马上装入密封罐或包装封口，避免制品受潮变软。

(2) 调好面糊后，可用抹刀摊平，也可用手蘸水来压制成型。

第三节 茶点小饼

一、制作概述

1. 茶点小饼

茶点小饼是一种兼具香、酥、脆、松口感的小甜点。小甜点的成型没有一定之规，可由师傅随心所欲加以变化。烘焙后，也可用各式各样的花饰来装饰造型。

2. 常用工具

制作茶点小饼时，常用到粉筛、搅拌器、秤、裱花嘴、裱花袋、高温布、抹刀等工具。

3. 常用原料

原料主要有12种：面粉、蛋液、蛋黄、黄油、酥油、食盐、糖粉、果仁糊、香草粉、牛奶、泡打粉、淀粉。

二、制作实例

(一) 果仁饼干 (图5-7)

1. 准备原料

糖粉50克、黄油100克、蛋液40克、低筋粉50克、高筋粉50克、果仁糊100克、盐3克、香草粉3克。

图 5-7　果仁饼干

2. 工艺流程

（1）原料准备。逐一称好原料，面粉过筛，备用。

（2）和面。先往搅拌机内放入少量黄油，将果仁糊搅拌均匀至光滑；然后加入糖粉，用中速搅拌均匀；分次加入鸡蛋液，最后加入面粉和香草粉搅拌 3 分钟至均匀，成面糊状即可。

（3）成型。用带有星形花嘴的裱花袋装上面糊，在垫有高温布垫的烤盘上挤出想要形状和大小的饼干。

（4）装饰。用果酱、果仁或水果点缀饼干的表面。

（5）成熟。将烤盘放入烤炉中，温度控制在面火 180℃，底火 160℃，烘烤 15~20 分钟，至面糊呈浅金色即可。

（6）定型。从烤箱中一拿出饼干，就立即放在不锈钢台上冷却、定型。

3. 温馨提示

（1）加入面粉后，搅拌时间不能过长，否则，面糊容易起筋。

（2）如果没在烤盘里垫油纸，一定要先刷油，再撒薄粉。挤制杏仁饼干时，生坯的间隔不能太大，否则，饼干的边缘容易烤焦。

（二）黄油茶点饼干（图 5-8）

图 5-8　黄油茶点饼干

1. 准备原料

黄油 40 克、酥油 40 克、糖粉 50 克、鸡蛋液 25 克、低筋粉 100 克、香草粉 3 克。

2. 工艺流程

（1）原料准备。逐一称好原料，面粉过筛，备用。

（2）和面。将黄油和酥油放入搅拌机内搅拌至光滑均匀，成乳状待色泽转白后，加入糖粉充分搅拌均匀，分次加入鸡蛋液搅拌均匀，最后将搅拌机调至慢速加入面粉和香草粉搅拌均匀，制成面糊。

（3）成型。把圆形裱花嘴放入裱花袋中，装入面糊，在垫有高温布垫的烤盘上挤出圆形饼干。

（4）装饰。用果酱点缀饼干的表面。

（5）成熟。将烤盘放入烤炉内，温度为面火 180℃、底火 160℃，时间 20~25 分钟。烤至生坯呈浅金黄色。

（6）定型。从烤箱中拿出饼干后，要立即放在不锈钢台上冷却、定型。

3. 温馨提示

（1）搅拌黄油和酥油时一定要均匀、膨松，然后方可加入其他原料。

（2）如不想用裱花袋挤制成型，可以用模子或塑料薄膜将面团包裹住，然后放入电冰箱冷冻定型，再切制成型。

（三）手指饼干（图 5–9）

图 5–9　手指饼干

1. 准备原料

（1）蛋黄部分。蛋黄 6 个、细砂糖 40 个、低筋面粉 150 克。

（2）蛋白部分。蛋白 6 个、细砂糖 70 克、盐 1 克。

2. 工艺流程

（1）原料准备。逐一将原料称好，面粉过筛备用。

（2）调制蛋黄浆。将蛋黄、细砂糖放入大盆中，用打蛋器搅打均匀，分次加入面粉，待用。

（3）调制蛋白浆。将蛋白、糖粉放入蛋桶内，用高速打至九成发，即硬性发泡即可。

（4）调制面糊。将 1/3 的蛋白糊加到蛋黄糊中拌匀，然后再把蛋黄糊分次加到蛋白糊中，拌匀。

（5）成型。把中号平口裱花嘴装到裱花袋口，装入拌匀的面糊。给烤盘刷油撒薄粉，挤上面糊，或把面糊直接挤在垫油纸上。将面糊挤成长 8 厘米、宽 3 厘米的长条状。

（6）成熟。将烤箱温度调节到面火 180℃、底火 140℃，烤制 8~10 分钟，呈浅黄色。

（7）定型。从烤箱中一拿出饼干，立即放在不锈钢台上冷却。也可在 2 条饼干中间夹上奶油或果酱。

3. 温馨提示

（1）鸡蛋液打泡时间不能过久，否则，成品会过于松软。

（2）加入面粉后的搅拌时间不能过长，否则，面糊会起筋。

（3）如果没在烤盘里垫油纸，一定要先刷油，再撒薄粉；挤制小西饼时，每个西饼间的间隔不能太大，否则，容易把饼的边缘烤焦。

（4）操作时，可先用面糊或鲜奶油在烤盘上练习挤制成型，要求挤制的面糊或鲜奶油大小一致。

（5）在面糊中添入不同的果仁、果酱或其他如肉松、香葱等原料，均可做成不同口味的小饼。注意，添加料不可过多，否则，会影响成品质量。

（四）华夫饼（图 5-10）

图 5-10　华夫饼

1. 准备原料

鸡蛋 150 克、牛奶 100 克、白糖 65 克、低筋面粉 160 克、玉米淀粉 40 克、泡打粉 5 克、黄油 60 克。

2. 工艺流程

（1）原料准备。逐一将原料称好，面粉过筛，备用。

（2）和面。将鸡蛋打到桶内，再加入糖，用单抽打至白糖完全溶化。加入牛奶搅拌均匀，加入过筛粉类（面粉、泡打粉、玉米淀粉）搅拌均匀，无干粉颗粒。加入熔化的黄油，用蛋抽沿

一个方向搅拌均匀，即成面糊。

（3）成型。给华夫炉预热，炉刷上熔化的黄油，加入八成面糊，盖上模具，加热约 5 分钟至熟透、两面金黄即可。

（4）装饰。依据口味，将冰激凌或各种果酱放在饼的格子里即可出品。

3. 温馨提示

（1）打制鸡蛋和糖时，时间不能过久，糖融化即可。

（2）加入面粉后搅拌时间不能过长，否则，面糊容易起筋。

（3）给华夫炉刷上熔化的黄油，每个地方均要刷到。

第六章 塔和派制作

第一节 塔

一、制作概述

1. 塔

塔是英文 tart 的译音，以油酥面团为坯料，借助模子，通过制坯、烘烤、装饰等工艺而制成的内有馅料的一类较小型的点心。其形状可随模子的变化而变化，外面多以水果精心点缀。

2. 常用设备工具

制作塔类西点时，常用到电烤炉、通心槌、搅拌机、小纸花杯、抹刀、塔盏（成型模子）、裱花嘴、裱花袋、食用色素等设备工具。

3. 常用原料

原料主要有 12 种：白糖、食盐、面粉、牛奶、鸡蛋、香橙果酱、片状起酥油、吉士酱、香草粉、泡打粉、椰丝、黄油。

二、制作实例

（一）层酥蛋塔（图 6-1）

1. 准备原料

（1）皮料。面粉 500 克、黄油 75 克、清水 250 克、盐 10 克、片状起酥油 300 克。

图 6-1　层酥蛋塔

（2）馅料。鸡蛋 8 个、开水 500 克、糖 250 克、牛奶 120 克。

2. 工艺流程

（1）原料准备。逐一称好原料，将面粉过筛，备用。

（2）水皮面团调制。将面粉与盐混合，置于案台上，开凹，加入熔化的黄油和水，揉搓成光滑的面团，静置 15 分钟。然后将面团擀成一个大长方形（长 6 厘米×宽 3 厘米），放入电冰箱冷藏 25~30 分钟。

（3）酥心的调制。将黄油揉软，用保鲜膜包住，用擀面杖敲打成平整的长方形（长 3 厘米×宽 1. 5 厘米），放入电冰箱冷藏 25~30 分钟。

（4）开酥。取出水皮面团和酥心，把酥心放在面皮上，用水皮包住酥心，压紧边缘。用擀面杖将水皮擀成长方形，折叠成均匀的 3 等份，再擀开成长方形，对折成 4 等份，再擀开成长方形，再折叠成均匀的 3 等份，置于电冰箱内冷藏 20 分钟，静置松弛。

（5）成型。取出已开好酥的面团，擀成 0. 5 厘米厚的薄片，静置 5 分钟，让面皮松弛。准备直径 10 厘米的塔盏，用 12 厘米的圆吸印出面皮。将面皮按压于塔盏内，备用。

（6）调馅。将开水与糖搅拌至糖溶化。打匀鸡蛋，与糖水和牛奶混合均匀，最后加入淀粉调匀，过筛。将馅料倒入塔盏内的面皮上至 8 分满。

（7）烘烤。将生坯放入烤炉，保证面火 190℃、底火 200℃，烘烤 20~23 分钟到馅料凝固即可。

3. 温馨提示

（1）在揉制和擀制层酥面团时，应将温度保持在 15~20℃。

（2）擀制好层酥塔皮后，除擀成片状用圆吸印出面皮外，还可直接将面皮卷起呈圆柱形，冷藏后用刀沿横截面切成 0.5 厘米厚的面片，有异曲同工之妙。

（3）把塔皮放到塔盏后，将边角凸形花纹压实，使花纹稍高出盏边。否则，烘烤时塔皮会回缩，馅料会溢出。

（4）烘烤蛋塔时，尽可能在蛋糊馅料凝固时就从烤箱中拿出，以防蛋糊馅料老化，制品表面不光滑、塌陷。

（5）面皮应调制得稍软些，方便包入黄油后进行擀制。

（6）夏天擀制面皮时，每擀制 1 次，就必须将面团放入电冰箱中冷藏 10~15 分钟，再进行下一次擀制，这样会避免黄油因天气、擀制时的摩擦力等因素，造成油脂熔化而影响成品质量。

（7）擀制面皮时一定要把握好擀制力度，确保起酥油分布均匀。

（二）松酥椰塔（图 6-2）

图 6-2　松酥椰塔

1. 准备原料

（1）皮料。面粉 250 克、黄油 150 克、香草粉 2 克、盐 2 克、糖 100 克、鸡蛋液 50 克。

（2）馅料。椰蓉 375 克、水 200 克、糖 150 克、吉士酱 50 克、黄油 150 克、泡打粉 7 克、鸡蛋 4 个、面粉 100 克。

（3）表面用料。香橙果酱 30 克。

2. 工艺流程

（1）原料准备。逐一称好原料，给面粉过筛，备用。

（2）调制面团。将黄油置于案台上，加入糖、盐和香草粉混合均匀，加入鸡蛋液和面粉混合揉搓至光滑均匀，调成面团。将面团放入电冰箱冷藏约 30 分钟。

（3）调制馅心。打蛋成液，与其他馅心原料放入 1 个大盆内搅拌至均匀。静置 1 小时。让水分、蛋液被椰蓉完全吸收即可。

（4）捏制塔盏。取出面团，分成重 30 克 1 个的面剂。准备直径为 10 厘米的塔盏，取 1 个面剂放入塔盏内，用大拇指和食指将面剂均匀地推捏满整个塔盏。

（5）添馅。在裱花袋内装入椰蓉馅，依次挤入推捏好的塔盏内，至九成满，再在面上挤上香橙果酱。

（6）烘烤。将塔盏放入烤炉，保持面火 190℃、底火 160℃，烤至原料上色熟透即可。

3. 温馨提示

（1）应当用慢速搅拌酥松面团，防止面团过度生筋、油脂快速熔化。

（2）应将烤箱预热到 200℃，因为初始的高温有助于使底层塔皮酥脆，避免被馅料浸泡后变潮。

（3）调制椰蓉馅时，应注意不要搅拌过度，因为这样会使馅料中的面粉起筋，成品馅心偏硬，影响制品的口感。

（4）练习捏塔盏时，可用一般的温水调成面团进行，以降低练习成本。

第二节　派

一、制作概述

1. 派

派是用扁平的圆盘子，铺上酥松面皮，填入各种馅料制成的1种西饼。

2. 制作派的常见失误及原因

（1）面团硬。可能是因为油脂太少，液体不足，面粉筋性太大，搅拌过度，擀制时间太长或使用碎料太多，水分过多。

（2）未成酥皮状。可能是因为油脂不足，油脂搅拌过度，面团搅拌过度或擀制太久，面团或配料温度过高。

（3）底层潮湿或不熟。可能是因为烘烤温度过低，派底温度不够，填入了热馅料，烘焙时间不够，面团种类选择不当，水果派的馅料中淀粉量不足。

（4）面皮收缩。可能是因为面团揉制过度，油脂不足，面粉筋性太大，水分过多，面团拉扯过多，面团醒发时间不足。

（5）馅料溢出。可能是因为顶部派皮未留气孔，上下皮接合不紧，烤箱温度过低，水果过酸，填入了热的馅料，派馅中淀粉量不足，派馅中糖量过多，馅料过多。

3. 常用工具

制作派类西点时，常用到搅拌机、通心槌、擀面杖、抹刀、锯齿刀、裱花嘴、裱花袋、派盘等工具。

4. 常用原料

原料主要有 10 种：白糖、食盐、低筋面粉、柠檬、苹果、肉桂粉、片状起酥油、黄油、草莓、淀粉。

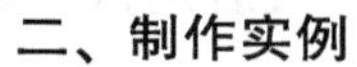

二、制作实例

（一）香蕉杏仁派（图 6–3）

图 6–3　香蕉杏仁派

1. 准备原料

（1）派皮。低筋面粉 500 克，黄奶油 250 克，糖粉 150 克，精盐 3 克，去壳鸡蛋 80 克，泡打粉 5 克。

（2）馅料。硬质巧克力 200 克，鲜黄奶油 100 克，脱皮杏仁 300 克，香蕉 500 克，白巧克力 100 克。

2. 工艺流程

（1）派皮制法与“杏仁挞”相同。将松弛好的派皮分成 6 份，分别放在大批碟上，并沿着派碟边捏成窝盏形，送进烤炉用 180℃烘烤至熟取出，成为熟派底备用。

（2）将硬质巧克力隔水加热使其熔化，加入鲜黄奶油拌匀成巧克力黄奶油，用裱花袋装入巧克力黄奶油挤入派底中，放入冰箱冷藏。将杏仁烤熟切粒，香蕉去皮切成薄片，然后将香蕉片铺在冷藏好的派底上，再在表面撒上杏仁粒。

（3）在杏仁表面挤上一层巧克力黄奶油，最后用裱花袋装上已熔化好的白巧克力做装饰即成。

3. 温馨提示

（1）熔解巧克力的水温约为 50℃，如过高巧克力会呈沙粒状。

（2）操作过程中一定要注重卫生。

（二）酪梨虾仁派（图 6-4）

图 6-4　酪梨虾仁派

1. 准备原料

（1）派皮。低筋面粉 500 克，无盐奶油 250 克，盐 10 克，糖粉 25 克，蛋黄 100，三花奶 100 克，泡打粉 5 克。

（2）馅料。酪梨 420 克，橄榄油 20 克，盐 10 克，黑胡椒粉 5 克，马铃薯 450 克，水煮蛋 6 个，大虾仁 400 克，奶酪丝 150 克，美奶滋 190 克。

（3）白酱。无盐奶油 120 克，低筋面粉 90 克，牛奶 500 克。

2. 工艺流程

（1）派皮制法与“杏仁挞”相同。将松弛好的成派皮分成 6 份，分别放在 6 个大批碟上，捏成窝边盏形备用；将无盐奶油、低筋面粉、牛奶混合拌匀成白酱备用。

（2）将酪梨切片，加入橄榄油、盐、黑胡椒粉混合后静置。

（3）将马铃薯去皮后切成丁状，蒸熟，起锅后沥掉多余的水分；将水煮蛋切成小块。

（4）将虾仁洗净后去掉肠泥，并用厨房纸巾蘸干水分；锅内放入约10克的无盐奶油，将虾仁煎至两面变色即可。

（5）将白酱倒入派皮内刮平，撒匀马铃薯丁和水煮蛋丁，接着将酪梨片及虾仁交错排放在馅料上，最后均匀地撒上奶酪丝、美奶滋。

（6）放入烤炉中，用上火210℃、下火220℃烤制15～20分钟，至奶酪丝熔化并呈金黄色即成。

3. 温馨提示

馅中的虾仁只需略煎一下，不要煎熟，避免过熟影响质感。

（三）咖喱牛肉派（图6-5）

图6-5　咖喱牛肉派

1. 准备原料

（1）派皮。低筋面粉500克，吉士粉15克，黄奶油275克，糖粉125克，去壳鸡蛋80克，泡打粉5克。

（2）馅料。牛肉粒250克，花生油50克，洋葱丁、红萝卜丁各50克，盐3.5克，味精3克，胡椒粉0.6克，咖喱粉2.5克，玉米淀粉10克，清水100克，蛋黄液75克。

2. 工艺流程

（1）派皮制法与“杏仁挞”相同。将松弛好的咸派皮分成6份，其中，3份放在3个大派碟上，捏成窝边盏形备用。

（2）先将牛肉粒用少量玉米淀粉和花生油拌匀后稍爆炒，

加入洋葱丁和胡萝卜丁，边炒边拌，再加入其他原料（玉米淀粉和水除外）继续炒至八成熟，最后用玉米淀粉与清水混合后勾芡成咖喱牛肉馅，冷却备用。

（3）把咖喱牛肉馅平均放入窝盏内，再将剩余的 3 份派皮分别擀圆盖在馅面上，将派皮边外沿压紧，切掉边沿多余的皮。

（4）在派坯表面涂上蛋黄液，待稍干后用滚刀剞成菱形格纹，送入烤炉以上火 190℃、下火 180℃烘烤约 25 分钟至熟透取出，冷却脱模即成。

3. 温馨提示

（1）原料切丁大小要均匀。

（2）炒牛肉馅时不宜过熟，以八成熟为好。

第七章　酥饼与泡芙制作

第一节　清　酥

一、制作概述

1. 清酥

清酥又称松饼，有时也称帕夫点心，英文为 Puff Psatry，是一类层次清晰、松酥的点心。它的膨松原理属于物理疏松。首先，利用湿面筋的烘焙特性，像气球一样，可以保存空气并能承受烘焙中水汽所产生的胀力，并随着空气的胀力而膨胀。其次，由于面团中的面皮与油脂有规律地相互隔绝所产生的层次，在进炉受热后。水面团产生水蒸气，水蒸气滚动形成的压力使各层次膨胀。在烘烤时，随着温度的升高、时间的加长，水面团中的水分不断蒸发并逐渐形成一层一层“炭化”变脆的面坯结构。油面层熔化渗入到面皮中，使每层次的面皮变成了又酥又松的酥皮，加上本身皮面筋质的存在，所以，能保持完整的形态和酥松的层次，这是清酥独有的特点。

2. 常用工具

制作酥类西点时，常用到电烤炉、搅拌机、通心槌、擀面杖、抹刀、锯齿刀、裱花嘴、裱花袋、食用色素等工具。

3. 常用原料

原料主要有 8 种：白糖、食盐、中筋面粉、面团内用油、夹心油、鸡蛋、牛奶、泡打粉。

二、制作实例

（一）酥化蛋挞（图 7-1）

图 7-1　酥化蛋挞

1. 准备原料

（1）水面团。中筋面粉 325 克，精盐 5 克，细砂糖 25 克，去壳鸡蛋 75 克，黄奶油 50 克，清水约 150 克。

（2）油面团。中筋面粉 175 克，黄奶油（或酥油）500 克。

（3）蛋挞馅。去壳鸡蛋 500 克，细砂糖 400 克，吉士粉 20~25 克，淡鲜奶 500 克，清水约 250 克。

2. 工艺流程

（1）制作蛋挞皮。

①制作水面团：将中筋面粉过筛，在案台上拔出环形面窝，加入鸡蛋、精盐、细砂糖、黄奶油、清水拌和并擦至匀滑（用和面机搅拌也可），成水面团。

②制作油面团：将中筋面粉过筛与黄奶油（或酥油）混合，搅拌均匀成油面团。

③将水面团、油面团分别放在 1 个平底盘内平铺各一边，加盖放进冰箱静置冷藏，待油面团凝固，取出用水面团包着油面团用通心槌擀成长方形，然后将头、尾两端折向正中部位，再对称

1 折，形成四层折叠式酥坯，再放回冰箱里冷藏，按此方法做第二、第三次擀皮、折皮，最好每折叠 1 次，冷藏 1 次（4 折 3 次擀皮法），即成酥皮（也称掰酥）面团，备用。

（2）调制蛋挞馅。

①将淡鲜奶煮至微沸取起，将细砂糖与吉士粉拌匀成混合糖；清水煮沸，将混合糖徐徐倒入沸水中，边倒边搅拌，以防粘锅底，糖溶后稍煮滚即端离火位，取起成沸糖水，待晾凉后与煮沸的淡鲜奶混合，成为奶糖水。

②将去壳鸡蛋搅拌成蛋液，与奶糖水混合，再用密孔箩斗过滤，成蛋奶糖水。

（3）入模具、烘烤。

①将酥皮面团从冰箱里取出，用通心槌擀薄，约 0.4 厘米厚，再用环形切刀（圆形牙模）切成 40 块挞皮（每块重约 25 克），将每块挞皮放在挞模（菊花盏）内，捏成起边圆形挞坯盏。

②将挞坯盏排放在烤盘内，用小茶壶盛入蛋奶糖水，分别倒入蛋挞坯中，送进烤炉，用上火 200℃、下火 210℃烘烤约 20 分钟至熟，脱盏即成。

3. 温馨提示

（1）油面团使用的是高熔点的黄奶油，且油面团一定要冷藏至凝固结实再取出擀皮。

（2）擀皮时手力要均匀，折叠时要四角均匀。

（3）捏挞坯时要粘住盏底，不能有空隙；蛋奶糖水的分量应为坯内壁八成满。

（4）注意掌握火候，下火要稍高些，上火要低些。

（二）蝴蝶酥（图 7-2）

1. 准备原料

（1）水面团。中筋面粉 300 克，精盐 5 克，细砂糖 25 克，

图 7-2　蝴蝶酥

去壳鸡蛋 75 克，黄奶油 50 克，清水约 150 克。

（2）油面团。中筋面粉 200 克，黄奶油（或酥油）500 克，粗砂糖 500 克（夹酥皮时用）。

2. 工艺流程

（1）水面团、油面团酥皮的制法见“酥化蛋挞”。

（2）将酥皮面团从冰箱取出，用通心槌稍擀薄。将粗砂糖 500 克分为 2 份，1 份撒在酥面上，另 1 份撒在酥底部，使细砂糖夹着酥皮擀成长 28 厘米×宽 32 厘米×厚 0.6 厘米的酥块，将酥块前、后两端同时向上卷折，卷折至中心位置时相对合拢，形成似“眼镜”状酥卷，并将酥卷捏至略为平正、有角度，放入冰箱冷藏至卷酥结实，然后取出，用刀切成 20 件蝴蝶酥坯。

（3）将蝴蝶酥坯排放在烤盘上，放入烤炉用上火 170～180℃、下火 140℃烘烤至浅金黄色时取出即成。

3. 温馨提示

（1）擀酥皮时，粗砂糖要撒均匀，才能使成品较松化。

（2）要掌握好火候，以中火烘烤熟透即好。

（三）葡挞（图 7-3）

1. 准备原料

（1）水面团。中筋面粉 250 克，细砂糖 50 克，去壳鸡蛋 50 克，黄奶油 50 克，清水约 125 克。

图 7-3　葡挞

（2）油面团。中筋面粉 250 克，黄奶油（或酥油）350 克。

（3）葡挞馅。鲜奶油 800 克，淡鲜奶 1 600克，细砂糖 400 克，蛋黄 480 克，低筋面粉 95 克，炼乳 80 克。

2. 工艺流程

（1）水面团、油面团制法与“酥化蛋挞”相同。待油面团冷藏至凝固，取出将水面团包着油面团用通心槌擀成长方形，再将面皮分为 3 等份，把 1/3 的面皮向中间处往内折叠，再将剩余的 1/3 面皮向中间处折叠，形成三层折叠式酥坯，再放回冰箱里冷藏，按此方法做第二、第三次擀皮，最好每折叠 1 折，冷藏 1 次（3 折 3 次擀皮法），即成酥皮面团，备用。

（2）制作葡挞馅。

①先将鲜奶油、淡鲜奶用慢火煮沸，加入细砂糖搅匀煮至糖溶成熟奶糖糊。

②将低筋面粉用 50 克淡鲜奶、炼乳调成面糊，加入熟奶糖糊中快速搅拌均匀，待凉，把蛋黄加入奶糖糊中搅匀，再用密孔箩斗过滤，即成葡挞馅。

（3）制作。

①将酥皮面团从冰箱取出，用通心槌擀薄成厚约 1 厘米的正方形，扫水或扫蛋液，由内向外卷成直径为 4 厘米的实心圆柱体，再放入冰箱里冷藏至硬身。

②用刀切成每块重约 20 克的酥皮，稍压扁放至葡挞盏中捏

成盏坯（约高出盏杯1厘米），排放在烤盘内，斟上葡挞馅，随即送进烤炉用上火250℃、下火230℃烘烤约5分钟，再关炉继续烘烤约8分钟至熟，拿出待凉、脱盏即成。

3. 温馨提示

（1）开酥皮时粉焙不宜过多，卷酥时扫水或扫蛋液是防止皮不黏合、露馅。

（2）掌握捏盏手法，同蛋挞盏一样。

（3）馅加入糖后不宜煮制时间过长，否则，馅不滑。

（4）控制好烘烤的温度和时间。

第二节　混　酥

一、制作概述

1. 混酥

混酥也称松酥点心，国外称甜酥点心，是以面粉、油脂、糖和少量鸡蛋为主要原料，经过调制、成型、烘烤、装饰等工艺制成的一类不分层次的酥点。此外。还可以在面团中加入果仁或其他一些风味原料，制作成各种酥脆干点。混酥是西饼制作中最常见的基础面坯之一，它和清酥面坯一同被称为西饼的两大基础面团。混酥点心的主要类型有挞、排、派3种，广义可包括雪布玲、曲奇饼干等甜酥脆干点心。呈敞开的盆状，加有盖的挞则为排。挞和排无固定大小，形状除圆形外，还有椭圆形、船形、带圆角的长方形等。派是英文Pie的译音，又称批、攀，意为“酥壳有馅的饼、馅饼”，既有大型派与小型派之分，也有咸味派与甜味派、单皮派与双皮派之分。派的特点是派皮酥软、松脆，派馅口味适宜、多变。

2. 常用工具

制作酥类西点时，常用到电烤炉、搅拌机、通心槌、擀面杖、抹刀、锯齿刀、裱花嘴、裱花袋、食用色素等工具。

3. 常用原料

原料主要有8种：白糖、食盐、中筋面粉、面团内用油、夹心油、鸡蛋、牛奶、泡打粉。

二、制作实例

（一）松化椰蓉挞（图7-4）

图7-4 松化椰蓉挞

1. 准备原料

（1）挞皮。低筋面粉500克，黄奶油250克，糖粉80克，净蛋黄125克，泡打粉2.5克。

（2）椰蓉馅。优质椰蓉250克，细砂糖500克，低筋面粉100克，吉士粉10克，鸡蛋150克，黄奶油100克，生油100克，泡打粉2.5克，麦芽糖25克，清水约500克。

2. 工艺流程

（1）制作椰蓉挞皮。将低筋面粉与泡打粉混合过筛，在案台上拨成环形面窝，加入黄奶油、糖粉混合拌匀后加入鸡蛋黄完全混合，再与混合粉拌和，轻手折叠成面团，松弛30分钟，然后分成50份，分别放在挞盏上捏成窝边盏形，并排放在烤盘内备用。

（2）制作椰蓉挞馅。

①将清水煮沸，加入细砂糖、麦芽糖稍拌匀，至糖溶时加入椰蓉略煮沸取起，盛入不锈钢盆里（不要用铝盆），存放一晚，成为糖椰蓉，备用。

②将低筋面粉、吉士粉、鸡蛋、黄奶油、生油、泡打粉与糖椰蓉拌和成椰蓉挞馅，静置30分钟，备用。

（3）制作。椰蓉挞馅分别放入每个挞坯盏内，排放在烤盘上，送进烤炉用上火200℃、下火200℃烘烤约20分钟至熟，脱盏即成。

3. 温馨提示

（1）椰蓉挞馅的分量以坯内壁九成满为好。

（2）烘烤时注意控制好火候。

（二）葡萄酥（图7–5）

图7–5 葡萄酥

1. 准备原料

低筋面粉400克，高筋面粉100克，黄奶油300克，糖粉275克，去壳鸡蛋275克，食粉（小苏打）4克，核桃碎120克，提子干180克。

2. 工艺流程

（1）将低筋面粉、高筋面粉和匀过筛拨出环形面窝，加入黄奶油、糖粉混合均匀，并拌至奶白色起发，分次加入鸡蛋，拌擦至完全混合。

（2）加入食粉（小苏打）搅拌均匀，再加入洗净烘干的核桃碎、提子干搅拌均匀，然后与低筋、高筋面粉拌和，轻手压叠均匀，即成饼干面团。

（3）将面团松弛 20 分钟，然后搓成长条形，分切成小粒 80 份，分别搓成圆粒状，排放在烤盘内，稍微压偏，再松弛 15 分钟后送进烤炉，用上火 160℃、下火 140℃烘烤约 25 分钟至熟，取出即成。

3. 温馨提示

（1）黄奶油与糖粉混合后一定要拌至起发。

（2）拌和面粉时不能搓，否则，韧性大、起筋。

（三）杏仁挞（图 7-6）

图 7-6　杏仁挞

1. 准备原料

（1）挞皮。低筋面粉 500 克，黄奶油 200 克，糖粉 100 克，精盐 2 克，去壳鸡蛋 150 克，泡打粉 5 克。

（2）馅料。黄奶油 300 克，糖粉 200 克，杏仁粉 300 克，精盐 3 克，低筋面粉 100 克，去壳鸡蛋 200 克，蛋黄 100 克，白兰地酒 25 克，杏仁片 100 克。

2. 工艺流程

（1）将低筋面粉与泡打粉混合过筛，在案台上拔成面窝，加入黄奶油、糖粉、精盐混合拌匀后加入鸡蛋、泡打粉完全混合，再与混合粉拌和，轻手折叠成面团，松弛 30 分钟，然后分成 50 份，分别放在挞盏上捏成窝边盏形，并排放在烤盘内备用。

（2）将黄奶油、糖粉、精盐、杏仁粉、低筋面粉混合拌打至起发，分次加入鸡蛋和蛋黄搅拌均匀，然后加入白兰地酒充分搅拌成馅料。

（3）用裱花袋装入馅料分别挤入挞模里，九成满即可，馅面上撒杏仁片后，送进烤炉用上火 170℃、下火 150℃烘烤约 25 分钟至熟，取出即成。

3. 温馨提示

（1）挞皮搓好后一定要松弛后才能造型。

（2）馅料混合后一定要拌打至起发。

（四）心形布玲饼（图 7–7）

图 7–7　心形布玲饼

1. 准备原料

低筋面粉 500 克，澄面（小麦淀粉）500 克，泡打粉 3 克，白奶油 450 克，糖粉 300 克，蛋奶香粉 4 克，蛋清 200 克，草莓果酱 500 克。

2. 工艺流程

（1）将低筋面粉、澄面、泡打粉混合过筛开面窝，加入白奶油、糖粉、蛋奶香粉拌匀擦透，分次加入蛋清拌匀后，再与混合粉拌匀，折叠成雪布玲面团（皮），静置 10 分钟备用。

（2）将面团擀薄至 0. 3 厘米厚，压上花纹，用心形切刀（心形光模）切成 96 块（每块重 20 克），摆放在已涂薄层油的

烤盘内，送入烤炉以上火140℃、下火120℃烘烤约15分钟至白色熟透，待冷却后，每2块雪布玲饼之间用草莓果酱做夹心馅，即成48个心形布玲饼。

3. 温馨提示

（1）采用折叠手法制作面团。

（2）控制好炉温，饼底、面不能上色。

（五）杏仁酥片（图7-8）

图7-8　杏仁酥片

1. 准备原料

蛋清500克，细砂糖200克，食盐3克，低筋面粉200克，色拉油140克，杏仁片600克。

2. 工艺流程

（1）把蛋清、细砂糖、食盐混合，搅拌至糖溶解，加入低筋面粉搅拌至没有粒状，然后加入色拉油搅拌至均匀，最后加入杏仁片拌匀成面糊。

（2）将面糊倒入已垫耐高温布的烤盘中，抹平，送入烤炉以上火140℃、下火140℃烘烤约10分钟，至饼坯凝固后取出，稍凉后去除耐高温布，分切成均匀的片状，再入炉内用120℃烘烤约8分钟至浅金黄色即成。

3. 温馨提示

（1）蛋清不能过度搅拌。

(2) 分切前不能烤得太脆。

(3) 注意控制烤箱温度。

第三节　泡　芙

一、制作概述

1. 泡芙

泡芙也称卜呼、空心饼、气鼓等，是用水或牛奶、黄油、鸡蛋制成的带馅点心。泡芙外脆里糯，绵软、香甜，肥滑，色泽金黄，外形美观。

2. 常用工具

制作泡芙时，常用到烤箱、烤盘、炉灶、铁锅、裱花嘴、漏勺、裱花袋、剪刀、勺、粉筛等工具。

3. 常用原料

(1) 馅心原料。制作泡芙常用鲜奶油、黄油忌廉、香草忌廉、巧克力忌廉等馅心。

(2) 装饰原料。制作泡芙常用奶油忌廉、巧克力糖粉、果酱、水果等装饰原料。

二、制作实例

(一) 奶油泡芙 (图 7–9)

1. 准备原料

面粉 500 克、奶油 250 克、清水 700 克、鸡蛋液 800 克、糖粉 100 克。

2. 工艺流程

(1) 原料准备。将原料逐一称好，面粉过筛，备用。

(2) 调制面糊。将清水、黄油一起放入锅内烧沸，然后将

图 7-9　奶油泡芙

面粉倒入锅内并让其在水面上漂浮 5~10 秒后，再用小擀面棍将其迅速搅匀成为熟面团。将熟面团倒在面板上，趁热将熟面团揉匀后放入盆内，再分 5~6 次加入鸡蛋液，揉匀成面糊状。

（3）挤制成型。先在烤盘里刷上一层薄油，并撒上少许面粉，或垫上高温油布；再将面糊装入平口裱花袋里，在烤盘中挤成直径为 5 厘米的实心圆球。

（4）烘烤成型。将生坯入烤炉烘烤，保持面火 200℃、底火 180℃，时间 15~20 分钟，烤至金黄色即可。

（5）填馅装饰。在泡芙底部或旁边捅 1 个洞，把奶油忌廉用平口裱花袋灌进去，最后在泡芙表面撒上糖粉做装饰。

3. 温馨提示

（1）制作泡芙时，一定要将面糊烫熟，否则，面团吃蛋少，影响起发度。

（2）一定要等鸡蛋液与面粉完全揉匀无颗粒后，才能第二次加入鸡蛋液，否则，会影响成品质量。

（3）将生坯入盘时，应控制好生坯的间距，防止黏在一起。正常间距一般为 3~4 厘米。

（二）天鹅泡芙（图 7-10）

1. 准备原料

（1）坯皮。面粉 120 克、黄油 90 克、鸡蛋 200 克、清水 200

图 7-10　天鹅泡芙

克、盐 1 克。

（2）馅心。打发鲜奶油 300 克。

（3）装饰原料。糖霜 70 克、红色果酱 30 克、黑巧克力酱 30 克。

2. 工艺流程

（1）调制面糊。将清水、黄油一起放入锅内烧沸；将面粉倒入锅内并让其在水面上漂浮 5~10 秒，用小擀面棍将其迅速搅匀成熟面团，倒在面板上。趁热将熟面团揉匀后放入搅拌机或盆内，分 5~6 次加入鸡蛋，揉匀成面糊。

（2）挤制成型。在烤盘里刷上一层薄油，并撒上少许面粉，或垫高温油布。将面糊装入平口裱花袋里，在烤盘中挤成正反两种“2”字形。放入 180℃ 烤箱，烤 5 分钟后取出。再在烤盘上挤出水滴形状的面糊。注意中间要留出较大的空隙。

（3）烘烤成型。将生坯入烤炉烘烤，面火 200℃、底火 180℃，时间 15~20 分钟，烤至金黄色即可。

（4）填馅装饰。将泡芙坯从中下层切开，再将上半部对切，底部用七齿裱花嘴挤上奶油。将“2”字形天鹅颈部插入泡芙前部，然后装上两瓣翅膀。最后用牙签蘸少许黑巧克力酱，点上眼

睛，用红果酱点上鹅冠即可。

3. 温馨提示

（1）可用不加鸡蛋的面糊进行挤制成型的练习，以降低练习成本。

（2）烫面粉时，搅拌动作一定要快而熟练，否则，会焦底、出现颗粒。

（3）挤制造型时，还可用带花纹的裱花嘴挤制成型。

第八章　西点装饰

第一节　巧克力装饰

一、制作概述

1. 巧克力

巧克力是“Chocolate”的英译名，是将可可豆经过发酵、晾干、烘烤、研磨，提炼出糊状物的可可奶油，冷却后的硬块即为巧克力。

2. 巧克力的种类

（1）黑巧克力（Dark Chocolate）：纯巧克力，乳质含量少于12%，可作为装饰材料用。

（2）牛奶巧克力（Milk Chocolate）：至少含有10%的可可浆及12%的乳质。

（3）无脂巧克力（Impound Chocolate）：指不含可可脂的巧克力。

（4）白巧克力（White Chocolate）：指不含可可粉的巧克力，可作为装饰材料用。

3. 巧克力装饰的种类

有巧克力片状装饰和巧克力泥花制作。

4. 常用工具

制作巧克力装饰物的常用工具，如温度计、塑料垫、抹刀、

推铲、裱花嘴、模子、食用色素等。

5. 常用原料

常用原料主要有6种：食用色素、白巧克力、白砂糖、麦芽糖、黑巧克力、矿泉水。

二、制作实例

（一）熔化巧克力（图8-1）

图8-1　熔化巧克力

1. 准备原料

巧克力500克。

2. 工艺流程

（1）将巧克力切成小片后放入干净的不锈钢碗内。

（2）将碗放到温水内加热，不断搅拌，使巧克力均匀熔化。

（3）将2/3巧克力倒在大理石案板上。用抹刀将巧克力摊平，并用刮刀迅速刮到一起，反复操作，至巧克力均匀冷却。

（4）当巧克力冷却到26~29℃时，形成浓稠的糊状，将其刮回碗中，与剩余的1/3巧克力混合均匀。

（5）将30~40克巧克力放在碗中，置于温水中回温到29~31℃即可。

3. 温馨提示

（1）可用制作熔化巧克力的方法，将熔化的巧克力通过不同的成型方法或使用不同的模子制作成不同形态的巧克力装饰片。

（2）一定要将巧克力切成小片，这样易于熔化。

（3）给巧克力摊平、冷却，回温时动作一定要迅速。

（4）要重点观察巧克力的熔化过程。

（5）巧克力对温度比较敏感，熔化和冷却巧克力时都必须正确控制温度。

（6）熔化巧克力时，应将水温控制在55~60℃。熔化好的巧克力可反复使用。

（二）巧克力片状装饰——弯曲条纹（图8-2）

图8-2 弯曲条纹

1. 准备原料

巧克力适量。

2. 工艺流程

（1）将熔化好的黑（白）巧克力用平口裱花袋装好，在胶纸上挤成长条状。

（2）巧克力长条稍干后，绕在铁筒上，放进电冰箱凝固。

（3）巧克力长条凝固后，取掉铁筒和胶纸即成型。

3. 温馨提示

（1）制作巧克力装饰片时，应将温度保持在 18~25℃。

（2）用裱花嘴挤制巧克力细条纹时，要求粗细均匀。

（三）巧克力片状装饰——巧克力扇（图 8-3）

图 8-3　巧克力扇

1. 准备原料

巧克力适量。

2. 工艺流程

（1）将熔化好的黑巧克力铺在干净的大理石案板上，用抹刀将其均匀地摊成长薄层状。

（2）待巧克力快干时，用推铲向前将巧克力铲起。推铲与巧克力薄片呈 35°斜角。推铲时，用大拇指抵住铲刀的一角，推铲长度根据推铲宽度与巧克力扇的大小程度来定，只要让巧克力卷成褶皱、形如扇子即可。

（3）待巧克力快干时，用印模或尺子、雕刀给巧克力刻印出各种图形。待巧克力干后，取下印模，即成巧克力薄片。

3. 温馨提示

（1）制作巧克力装饰片时，应将温度控制在 18~25℃。

（2）刮巧克力薄片时，要求薄片宽度 7~8 厘米、厚 0.3 厘米即可。

（四）巧克力泥塑（图 8-4）

图 8-4　巧克力泥塑

1. 准备原料

黑（白）巧克力 1 400克（夏季）、黑（白）巧克力 1 300克（冬季）、麦芽糖 400 克、矿泉水 100 克、细砂糖 100 克。

2. 工艺流程

（1）把黑（白）巧克力切成碎粒，隔水加热。在加热的过程中，要不停搅拌至巧克力完全熔化，待用。

（2）把细砂糖、水、麦芽糖用电磁炉隔水加热溶化，然后慢慢倒入熔化了的巧克力中。边倒边搅拌均匀，搅拌速度要快。

（3）将搅拌均匀的巧克力泥，倒入一个用保鲜膜垫好的托盘中。

（4）用保鲜膜盖住巧克力泥，常温冷却后即可使用。

（5）在白巧克力泥中加入各种颜色的色香油调和均匀，即成彩色巧克力泥。

（6）用各种彩色巧克力泥捏制各种造型，如福娃。

3. 温馨提示

（1）制作巧克力泥塑时应注意，因刚调好的巧克力泥比较软绵，要经过冷却、冷藏、风干后才具有可塑性。即便是经过冷却、冷藏、风干等工序的巧克力泥，如果室温升高，巧克力就会重新变软，因此，在造型时，应合理控制室内温度和空气干燥度。

（2）将烤过的玉米淀粉加到巧克力泥中进行调制，可保持巧克力面团的稳定性。在进行巧克力泥花造型时，应尽量先分部分造型，然后再组合在一起，大型作品还要借助于骨架。

（3）可用澄面面团代替巧克力泥进行各种花和动物的捏制练习，以降低练习成本。

第二节 糖泥装饰

一、制作概述

1. 糖泥

糖泥是用糖粉和其他原料制作的泥状制品。其质地如同面团，使用不同的成型手法或模子可制作各种形态美观、造型逼真的图形。

2. 常用工具

制作糖泥时，常用到擀面杖、抹刀、剪刀、牙签、模子、整形棒、食用色素等工具和材料。

3. 常用原料

原料主要有7种：食用色素、白糖、吉利丁片、白油、水麦芽、糖粉、蛋白。

二、制作实例

（一）糖泥（图8-5）

1. 准备原料

吉利丁片10克、水30克、糖粉500克、水麦芽30克、白油15克、蛋白35克。

2. 工艺流程

（1）将吉利丁片泡30分钟，加入水麦芽，隔水加热搅拌。

图 8-5　糖泥

加入白油，隔水加热，混合均匀。

（2）把拌匀的液体倒入 300 克糖粉中混合均匀，再拌入剩下的糖粉。

（3）加入蛋白充分揉匀，揉至将糖皮拉开不断为佳。然后放置 24 小时后才可使用。

3. 温馨提示

（1）为保证调制好的糖泥颜色纯正，调制糖泥所用器具及案台必须十分干净。

（2）必须用保鲜膜将调制好的糖泥盖好。

（3）一般选用较白净的糖泥。不要使用铝制品器具，它们会使糖泥变色。

（二）糖泥玫瑰花（图 8-6）

图 8-6　糖泥玫瑰花

1. 准备原料

糖泥面团 300 克、食用色素适量。

2. 工艺流程

（1）将糖泥分切成两块，分别调上玫瑰红色和翠绿色。

（2）取一小块红色糖泥，搓条，由小到大切成 7～10 个面剂。取最小的一个剂搓成枣核状的玫瑰花心，然后将下好剂的糖泥在手中分别揉细腻，再搓成椭圆形后，用大拇指将其按成薄片状即成花瓣。

（3）左手拿花心，右手的大拇指、食指拿花瓣的下端，包住花芯，然后将花瓣分 2~3 层黏在花芯周围。花瓣应逐层增加，层与层间应相互交错黏贴。黏贴时，应当用手将每片花瓣的上部边缘向外后方向卷一下，使其更像盛开的玫瑰花。

（4）取一小团绿色杏仁糖泥，搓成长圆锥体形，压扁，再用牙签压出叶脉，然后将其装饰在花的两侧。

（5）根据需要可制作其他各式花朵。

3. 温馨提示

（1）为保证调制好的糖泥颜色纯正，调制糖泥所用各种器具及案台必须干净。

（2）根据实际需要，可往糖泥中添加食用色素或食用香精。调色时，应由浅到深，一定要揉匀，防止出现色斑。

（3）制作花时，花瓣一定要逐渐增大，花瓣层与层之间要相互交错，横向黏贴。

（4）一般选用较白净的糖泥。不要使用铝制品器具，它们会使糖泥变色。

（三）糖泥小熊（图 8-7）

1. 准备原料

糖泥面团 300 克、食用色素适量。

图 8–7　糖泥小熊

2. 工艺流程

（1）将糖泥分块，分别调上大红、褐色和黑色等。

（2）取一块褐色面团，搓圆，由小到大切成 7~10 个面剂。取最大的一个搓成枣核状做小熊的身体，然后将第二大的面团搓圆做小熊的头，再用 4 个面团，搓长，做小熊的手和脚，最后用 2 个小圆球做小熊的耳朵。

（3）取 2 小块黑色面团，搓圆，做小熊的眼睛。取 3 小块褐色面团，搓圆，安成嘴巴。

（4）最后用红色面团捏成领结形状，再用牙签压出纹路，然后将其装饰在小熊的脖子处。小熊可站、可坐、可卧。

3. 温馨提示

（1）为保证调制好的糖泥颜色纯正，调制糖泥所用各种器具及案台必须干净。

（2）根据实际需要，可往糖泥中添加食用色素或食用香精。调色时应由浅到深，一定要揉匀，防止出现色斑。

（3）捏制前，一定要将糖泥揉光滑后再进行造型。

（4）糖泥与空气接触后很快就会变干，组装和装饰前，应给糖泥盖上湿布或将其储存于密封容器内。

（5）糖泥制品需要在实际操作中不断练习。

第三节　水果装饰

一、制作概述

1. 水果装饰

水果装饰是指将各种水果雕切成各种形状，并根据各种水果的不同色泽进行组装，最后刷上一层果胶，然后用于各种蛋糕、甜点的装饰。这种装饰方法简单、好看，其成品具有较高的营养价值。

2. 水果装饰的种类

（1）罐装水果。水果无果皮，加有食用色素，果肉色泽鲜艳，滋味甜香。水果质地柔软，果肉块小，影响切制成型。

（2）新鲜水果。水果有果皮，果肉色泽鲜艳、营养丰富，个别滋味微酸，带涩。水果质地结实，易于切制成型。切制好的水果必须经淡盐水浸泡。

3. 常用工具

制作水果装饰物的常用工具，如水果刀、锯齿刀、槽刀、雕刀、挖球勺、塑料砧板等。

4. 常用原料

原料主要有 6 种：杂果、成品蛋糕、草莓、盐白糖、白糖、成品蛋塔。

二、制作实例

（一）罐装水果装饰——水果蛋塔（图 8-8）

1. 准备原料

成品蛋塔 10 个、水果 150 克。

图 8-8　水果蛋塔

2. 工艺流程

（1）将罐装水果去除糖水，沥干水分。

（2）将水果切角、切扇形，或用抹刀、锯齿刀划切成数等份。

（3）将切好的水果摆放在已制好的椰塔上即可。

3. 温馨提示

（1）不管是罐装水果还是新鲜水果，肉质一定要紧实才利于切割成型。

（2）为防止水果变干，可先将新鲜水果划切成数等份，食用前再将水果切开。

（3）分层切整个水果时，应注意控制锯齿刀的推拉力度。

（4）选用罐装水果时，应尽量选用生产日期较近的。水果越新鲜越好。

（5）切罐装水果时，应小心轻力，也可不改刀。

（二）新鲜水果装饰——草莓蛋糕（图 8-9）

1. 准备原料

成品蛋糕 1 磅约 454 克、草莓 500 克、细盐 5 克、凉开水 500 克。

2. 工艺流程

（1）选用新鲜且色泽鲜艳的草莓，洗净，沥干水分。

（2）将洗好的草莓置于淡盐水中浸泡 10 分钟。

图 8–9　草莓蛋糕

（3）用直刀将草莓一分为二或切薄片。

（4）将切好的草莓摆放在已制好的蛋糕上即可。

3. 温馨提示

（1）为防止水果变干，可先将新鲜水果划切成数等份，食用前再将水果切开。

（2）分层切整个水果时，应注意控制锯齿刀的推拉力度。

（3）选用的水果越新鲜越好。

（4）果酸含量高的新鲜水果，一切开就应马上放入盐水中浸泡，以免水果变色。

（5）切水果时一定要一刀下去，一气呵成。中途停顿次数越多，完成时就越不平顺。

（6）合理组装水果的练习应反复进行，多动手操作实践。

参考文献

范兆军. 2019. 西式面点师培训指导教材（初级）［M］. 北京：北京理工大学出版社有限责任公司.

蒋湘林. 2019. 西式面点制作［M］. 北京：旅游教育出版社.

李鸿荣. 2018. 艺术面点［M］. 福州：福建科学技术出版社.

李娜，张立祥. 2017. 西餐面点基础［M］. 北京：高等教育出版社.

梁志杨. 2018. 西式面点技术［M］. 北京：中国劳动社会保障出版社.

刘帝宏. 2014. 流行糕点制作绝技［M］. 郑州：中原农民出版社.

周济扬，卢勇. 2017. 西餐面点制作［M］. 北京：北京理工大学出版社有限责任公司.